シリーズ
地域の再生 10

農協は地域に何ができるか

農をつくる・地域くらしをつくる・JAをつくる

石田正昭

農文協

まえがき

今年、２０１２（平成24）年は国連が定めた国際協同組合年である。と同時に、第26回ＪＡ全国大会も開催される。協同組合にとっても、農協にとっても、自らの固有の価値を広く社会にアピールし、その理解の輪を広げることによって、協同組合運動のさらなる発展をめざすことが課題となっている。

奇しくも、わが国の協同組合運動と農協運動はそのめざす方向が一致している。協同組合は組合員のニーズや願いをかなえる組織であるが、そればかりではなく、それがよって立つ地域社会の再活性化に取り組むというものである。共助・共益の組織ではあるが、公益にも配慮することをうたった、協同組合原則の第7原則「地域社会への関与」の実践にほかならない。「社会的経済」の全面展開といってもよい。

協同組合と地域社会は分かちがたく結びついている。地域社会の発展なくして協同組合の発展はなく、協同組合の発展なくして地域社会の発展はない。本書は、まさにそうした観点に立ち、現代の農協運動を現場から検証しようとするものである。

そのばあいの執筆方針はつぎの三つである。一つは「事例に即す」、もう一つは「批判はきちんとする」、最後の一つは「営農・販売をどう立て直すか、そこを原点とする」というものである。担い手経営体のみならず、多様な担い手によって形成される農家組合やそこに属する貸出し農家、さらには女性農業者たちの期待にどう応えるのか、そのことに深く配慮して分析、執筆している。

この種の本を執筆するばあい、組織体をなす組合員をベースに執筆する方法と事業体をなす組合をベースに執筆する方法の二つがありうるが、本書では前者のアプローチを採用している。私自身、研究者が果たすべき役割は、組合員、役員、職員の各層が気づいていないこと、あるいは気づいてはいるが言えないことを、それぞれの立場を超えて指摘し、改善をうながすことであると考えている。そのような役割を本書が果たすことができれば幸いである。

取り上げようと思って、取り上げられなかったことも多い。生協と農協の連携による農業生産法人の設立、農協の婚活事業による地域農業の将来の担い手の育成、加工事業の展開による生産者手取りの最大化などはその最たるものであるが、時間と紙数が尽きてしまった。次回に期したい。

取材にご協力いただいた多くの方がたに深くお礼を申しあげなければならない。どなたからも非常に協力的に対応していただいた。マスメディアではうかがえない本音を語っていただいた。

なお本書は、平成23～25年度日本学術振興会科学研究費補助金（基盤研究B）「食・農・環境の仕事おこしによる地域再生―村落共同体と市民社会の連帯の日欧比較―」（研究代表者：石田正昭）の研究成果の一部を利用している。

二〇一二年八月

石田正昭

シリーズ　地域の再生　10

農協は地域に何ができるか——農をつくる・地域くらしをつくる・ＪＡをつくる

目　次

第5章　農協と労協の連携で地域農業を活性化するには
――食・農・環境による仕事おこしの事例――　105

第Ⅱ部　地域くらしをつくる

第6章　信用・共済事業分離論を排するには――124

序章　農協は地域に何をすべきか

1　地域社会への関与

現行の協同組合原則である「協同組合のＩＣＡアイデンティティ声明」（以下「１９９５年原則」と略す）は、協同組合の定義、価値、原則からなるが、その原則のなかの第7原則に「地域社会《コミュニティ》への関与」という項目がある。この原則は１９９５年原則で初めて協同組合原則に採用されたものであり、最初はその意味の大きさに気づかない農協関係者が多かった。

協同組合は、環境や文化、福祉の問題に積極的に取り組まなければならない、と訴えているのだろうという理解はあったが、その程度のことであれば、農業、農家、農村を守ることを任務とする農協からすれば当然のことであり、あらためて何かをしなければならないというアイディアは生まれてこなかった。

しかし、そこに協同組合運動に関する本質的な問題提起が含まれているということは、別途バックグラウンドペーパーで示された第7原則に関する背景説明をみると明らかである(1)。

「協同組合は本来、組合員の利益のために存在している組織である。しばしば特定の地理的空間における組合員とのこの強い結びつきのゆえに、協同組合はしばしばその地域社会と密接に結びついている。協同組合は地域社会の経済的、社会的、文化的な発展が確実に持続するようにする特別な責任をもつ。協同組合は地域社会の環境保護のためにしっかり活動する責任がある。協同組合が地域社会にどのくらい深くどのような形で貢献すべきかを決定するのは組合員である。しかし、それは組合員が避けることのできない責任である。」

ここで重要なのは、「協同組合は本来、組合員の利益のために存在している組織である」という点と、「協同組合が地域社会にどのくらい深くどのような形で貢献すべきかを決定するのは組合員である。しかし、それは組合員が避けることのできない責任である」という点の、最初と最後の記述である。これらは、両者あわせて、ただ単に協同組合は何をなすべきかを問うのではなく、協同組合とはそもそもどういう組織なのかを十分に理解したうえで、どのような手続きで、どのようなことをなすべきかを問うというかたちをとっているのである。

協同組合とはそもそもどういう組織なのかという点、すなわち、協同組合の位置なり有用性を深く理解したならば、協同組合は今までの協同組合ではあり得ないだろうし、また、今すすもうとしている方向性に対しても、何らかの軌道修正を加えなければならないであろう。そして、そのばあいの軌道修正とは、ごく手短かに言えば、地域社会に責任をもつ協同組合として、共助・共益の組織から、共助・共益の組織ではあるものの公益をも配慮した組織へと移行すべきことをさしている。

１９９５年原則が形成されるまでの過程で３つの報告書、すなわちレイドロー報告、マルコス報告、ベーク報告がＩＣＡ（国際協同組合同盟）大会に提出され、採択された。(2) そのなかで共助・共益の組織とはどのようなものか、またその基本的な役割に加えて公益を配慮した組織とはどのようなものかを示唆したのは、アレキサンダー・レイドローの『西暦２０００年における協同組合』である。

この点に関して、レイドロー報告は、協同組合の歴史をふり返り、協同組合は最初に「信頼性の危機」にみまわれ、ついで「経営の危機」にみまわれたが、それらの危機を乗り越えた協同組合は、いまや第三の危機として「思想上の危機」に直面していると警告を発している。レイドローはつぎのように述べて、注意を喚起する。(3)

「この危機は、協同組合の真の目的は何なのかという疑問と、協同組合はほかとは違う事業体として独自の役割を果たしているのかという疑問が強まったことから生じている。協同組合がほかの企業と同じように、商業的な意味では成功しても、それ以上のことを何もやらないとすれば、それで充分なのだろうか。もし協同組合がほかの企業と同じような技術と手段を使うとすれば、それで組合員に支持と忠誠を求めることが正当化できるであろうか。」

この一節は協同組合の真の目的とは何か、という協同組合人（組合員・役職員）に対する根源的な問いかけである。これに対するレイドローの答えは、協同組合における経済的目的と社会的目的の統合という点にあった。レイドローは言う(4)。

「協同組合は単なる企業ではなく、経済的目的と社会的目的をもった企業であるとして、その二重の目的によって一般的に普通の会社や資本主義企業から区別される。(中略…) 前世紀の指導的な経済学者、アルフレッド・マーシャルは、それをつぎのように表現した。『ほかの運動は高い社会的目標をもっている。ほかの運動は広い事業基盤をもっている。協同組合のみが双方をもっている』と。」

さらに続けて、レイドローはこう言う。

「この二つの極端な観点のあいだの選択は決して容易ではない。まったく企業的であり、社会的目的をもたない協同組合は、ほかの協同組合よりも長く存続するかもしれないが、徐々に弱体化し、長期的には崩壊するだろう。いっぽう、社会的使命には大きな力点をおくが、健全な事業慣行を軽視する協同組合はおそらくすぐに解体するであろう。もちろん、ここで必要とされることは、組織全体における常識的なバランスであり、経済と社会、事業経営と理想主義、プラグマチックな経営者とビジョンをもった素人の指導者の混合である。」

まさに、二重の目的をもつ協同組合を存続させるために、最後にはトップマネジメントのあり方まで持ち出して、経済的目的と社会的目的の統合の重要性を強調しているのである。この経済的目的と社会的目的の統合という点に、共助・共益の組織ではあるものの公益にも配慮した組織の特徴が現れているといってよいだろう。ただし、誰しもが感じるように、経済的側面に関する善し悪しを見分ける方法は容易に見いだしうるが、社会的側面に関するそれを見いだすことは容易ではない。そもそも善し悪しを判定する基準などあり得ないからである。

とはいえ、協同組合において守られるべき規準というのはある、というのがレイドローの基本的な考え方である。それはつぎのように示される。

①共同体精神を生みだすのに役立つ計画を援助し、狭い事業の枠の外の広範な人間的社会的諸問題に参画する。

②最も広い意味における教育に大きな関心を払う。実際に協同組合の社会的効果は、通常その教育活動の活発さによって測られうる。

③雇用および事業における人種上・宗教上の差別を許さない。

④組合員を超えた、すべての人びとの利益となる民主的で、人道的な事業に協力する。

⑤貧しい人びとに関心を払い、彼らが組合員となり、協同組合から利益をうるように、援助するための特別な準備をする。

⑥公平かつ公正な雇用者として、また、地域社会における善良な法人市民として認知される。

⑦第三世界の協同組合を援助するための国際開発プログラムを支持する。

もちろん、人間福祉と社会的ニーズの広大な分野において協同組合がなしうることには限界があるということは間違いない。個々の協同組合や、多くの連合した協同組合の力量をはるかに超える状況や条件が存在することも確かである。協同組合がその限界を受け入れ、自らがなしうることに関心を払うことは、当面する社会的問題に手当たり次第に着手し、徒労に終わるよりはよいことである。しかし、あらゆる協同組合が「協同組合とは企業経営と社会的関心のバランスのとれた混合体である」という考え方を共有していることを証明するためには、協同組合としてなすべきことがたくさんあるというのが、レイドローの主張である。

2 社会的経済の一員としての協同組合

本書のタイトルは『農協は地域に何ができるか』であるが、それを論じるにあたって、そのよりどころとなる基準なり、道しるべが必要とされる。それを示すのが序章の役割と考え、序章では「農協は地域に何をすべきか」という見出しのもと、できる、できないを別にして、農協がどのような存在であり、どのような社会の形成をめざし、何をなすべきかを明確にしようとしている。いうならば、これが本書の基本的スタンスというものを示そうとしている。

その基本的スタンスとは、つめて言えば「共助・共益の組織から、共助・共益の組織ではあるものの公益をも配慮した組織へ」、あるいは「協同組合とは企業経営と社会的関心のバランスのとれた混合体」ということになるのであるが、これを別の表現を借りて表すとすれば、「社会的経済」の一員としての協同組合を強く意識することにほかならない(5)。

「社会的経済」とは、協同組合が社会的目的と経済的目的の二重の性格をもつ組織であることを前提として、公共セクターとも異なり、民間営利セクターとも異なる独自の領域を形成するような、市民たちがつくる自発的協力のセクターのことをさしている。ばあいに応じて、このセクターのことをサード・セクターとか民間非営利セクターと呼ぶこともあるが、このようなセクターのなかには協同組合のほか、わが国ではNPOに代表されるような非営利組織が含まれている。

社会的経済が求められる理由は、公共セクターや民間営利セクターにのみ頼っていたのでは解決できないような問題、たとえば失業、所得分配、公共サービスの質、住宅、健康、教育、退職者の生活の質などの問題が、わたしたちの社会には山積していることによる。この社会的経済の考え方の源流をたどると、19世紀フランスの労働者協同組合運動を主導したフィリップ・ビュシェやフレデリック・ル・プレなどのキリスト教社会主義者の協同思想にたどりつく(6)。ル・プレは1856年に『エコノミ・ソシアル』という雑誌を発刊し、社会的経済の運動を促進していった。ビュシェやル・プレの協同思想によれば、資本主義化にともなう自由競争が失業や偏った所得分配など、さまざまな社会問題を引き起こしているが、この問題の解決には平等を原理とする社会改革が必要であり、それを推進することが社会的経済の使命であるとした。

しかし、民間営利セクターが求める経済的な自由と、公共セクターが求める政治的な平等を保障するだけでは、社会運営の原理としては不十分であることも間違いない。自由と平等に加えて、人びとの共生、助けあい、参加を原理とする人と人とのつながりが必要とされる。この人と人とのつながりを生みだすものを友愛と表現すれば、友愛を基点とし、人びとに協同の場を提供するのが民間非営利セクターの役割にほかならない。言い換えれば、民間営利セクターが求める経済的な自由、公共セクターが求める政治的な平等、民間非営利セクターが求める社会的な友愛、の三者のバランスのとれた社会の創造こそ、近代経済社会が求める理想の姿なのだということができる。

キリスト教の理解では、友愛は隣人愛に通じ、連帯にシンボル化される。この社会的連帯の重要性を強調したのが、ビュシェやル・プレにつながるシャルル・ジードである。ル・プレと同様、彼もまた1905年に『エコノミ・ソシアル』を刊行し、生産と消費の経済的領域における社会的連帯の必要性を提唱した。彼の協同思想によれば、連帯にもとづく相互扶助の運動をより広く普及させることによって、フランス革命以来の伝統である経済的自由と政治的平等を犠牲にすることなく、資本主義経済を改良することが可能になるのだという。

ジードによる自由・平等・連帯にもとづく社会的経済の理論は、その後、1930年のジョルジュ・フォーケの『協同組合セクター論』[7]や1980年のレイドローの『西暦2000年における協同組合』に大きな影響を与えた。フォーケは、その著書のなかで、協同組合組織の2つの構成要素として、協同（アソシエーション）または社会的要素と事業（アンダーテイキング）または経済的要素があると指摘し、レイドローの『西暦2000年における協同組合』のなかで展開された協同組合における二重の目的の理論的基礎を提供している。

しかし、一般には、社会的経済の考え方は20世紀に入って、急速に影響力を失っていった。その理由は、1922年のソビエト連邦共和国の成立による「社会主義」という用語の流行にあり、それにともない社会的経済という用語も人びとの視野から遠ざかっていってしまった。こうした退潮の流れをもとに引き戻したのは、1980年代に始まる社会主義国における経済的停滞と、先進資本主義国における福祉・公共サービスの縮小、大幅な規制緩和、市場原理の導入などの新自由主義の台頭であった。というのは、イギリスのサッチャー政権（1979〜1990年）、アメリカのレーガン政権（1981〜1989年）によってすすめられたこうした新自由主義の政策は、失業や福祉、環境の諸問題を引き起こし、地域社会の崩壊をもたらす可能性を高め、それにともない、これらの問題の解決にあたって民間営利セクターとも異なり、公共セクターとも異なる、人びとの連帯を基礎とする民間非営利セクター、すなわち社会的経済の果たすべき役割が拡大したからである。

とくに、フランスを中心とするEUの大陸諸国では、共同体の思想が根づよく残っており、経済成長のみを目的とする政治経済学ではなく、自由、平等、友愛のバランスのとれた社会の発展をめざすという社会的経済の考え方を受け入れやすい土壌がある。労働者協同組合に関して古くからの伝統を有するフランスでは、1978年に「労働者協同組合（SCOP）の地位に関する法律」、1983年に「社会経済活動の発展に関する法律」、2001年に「社会・教育・文化的な側面の多様な規定に関する法律（社会的共通益協同組合SCIC）」などを制定し、社会的経済を構成する協同組合に適用される特別な法律を整備した。

こうした動きに加えて、フランス、ベルギー、スペインなど社会的経済の認知度の高いEU諸国の研究者や実務家が中心となって、1947年には公共・協同経済研究情報国際センター（通称C

IRIEC）という名の学会がスイス・ジュネーブに設立され、社会的経済に関する意見交換や研究交流が促進されるようになり、また1989年には欧州連合（EU）第23総局のなかに社会的経済部局が組織されている。

ただし、現在においても、社会的経済のとらえ方は国により、研究者によりさまざまであって、普遍的に通用する定義はないとされる。このため、EUでは社会的経済を定義する試みを放棄し、網ら的に、協同組合、ミューチュアル（共済組合）、アソシエーション、財団（非営利組織）によって構成されるとしている(8)。

では、社会的経済のなかで、協同組合はどのような特徴をもち、どのような領域に位置づくのであろうか。とくに、協同組合とアソシエーション、財団（非営利組織）の違いはどこに求められるのであろうか。日本的にいうと、アソシエーション、財団の典型はNPOであるが、そのNPOと協同組合の違いは何であろうか。

通常、社会的経済を説明するばあい「ペストフの三角形」が使われるが、この三角形では協同組合とNPOの違いを説明できない(9)。そこで、ここでは神野直彦『システム改革の政治改革』あるいは篠原一『市民の経済学』で提示された、社会システム、政治システム、経済システムという三つのシステム概念を使って(10)、協同組合とNPO（非営利組織）の違いを説明したいと思う。

図序-1がそれである。この図では、われわれの社会は、社会システム、政治システム、経済システムという三つのサブシステムから構成されていることを前提としている。社会システムとは、人

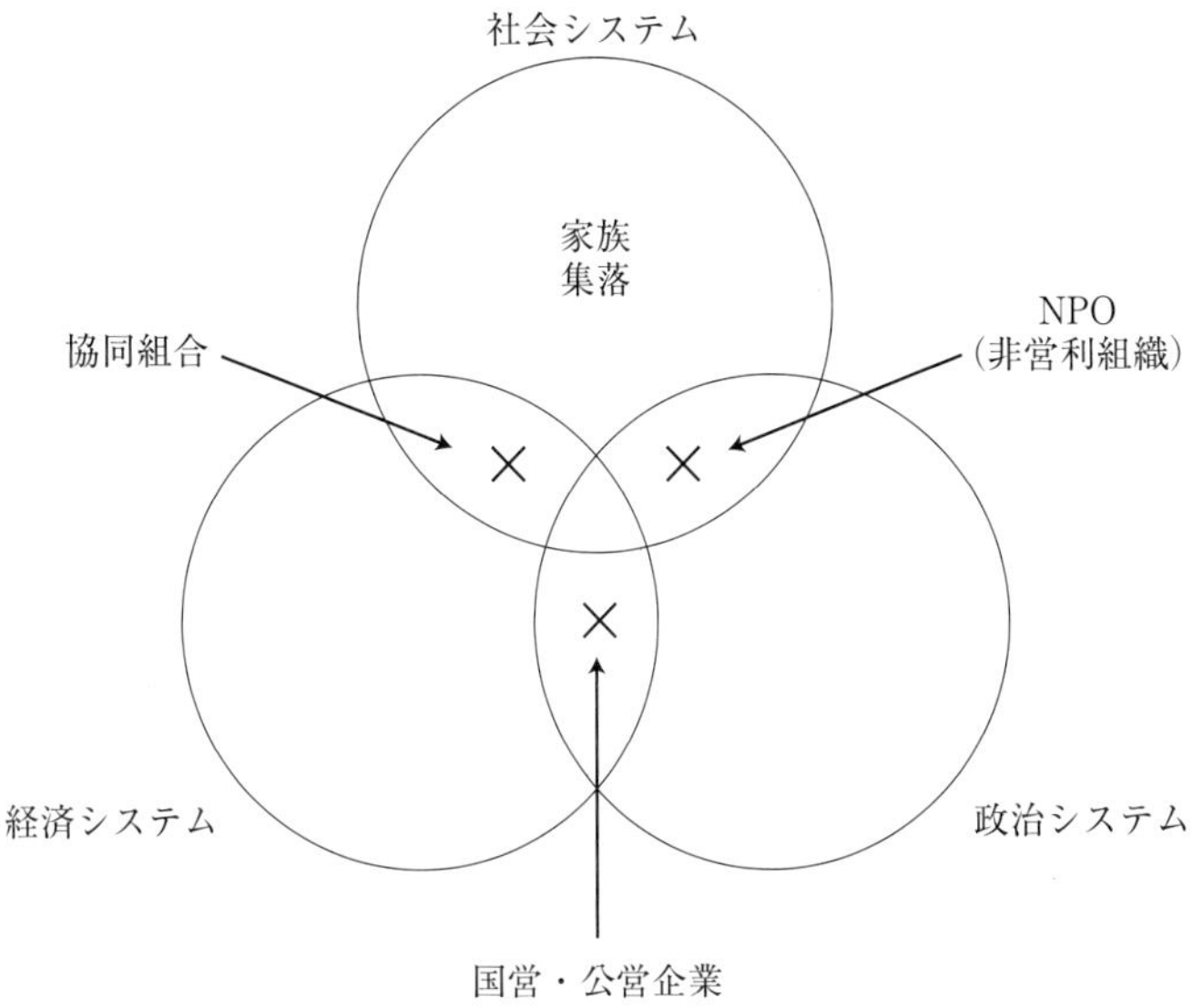

図序-1　協同組合の位置

と人とのつながりのなかで人間が生まれ、成長し、次代をになう子どもたちをつくっていくという過程、すなわち人間の再生産の過程を表している。このサブシステムを構成する基本単位は個人であるが、その個人が織りなす人と人とのつながり、すなわち家族とか集落(共同体)、自治会などの血縁・地縁の関係、あるいは学校、趣味・娯楽、職場などの同一性で結ばれた友縁の関係が主たるプレーヤーということになる。

これらのプレーヤーはいわばインフォーマルな組織ということになるが、このインフォーマルな組織を動かすものは、コミュニケーションを媒介とする助けあいである。互酬性にもとづく助けあいの精神のもと、コミュニケーションがひんぱんに行なわれ、相互扶助、共同作業にたずさわる場面が多くなれば多くなるほど、よりよい成果が期待できる[11]。自由、平等、友愛という社会的経済の理念に照らせば、このシステムを動かすものは友愛ということになる。

相互扶助や共同作業をくり返すうちに、それらの活動を継続的に保障する仕組みとして、フォーマルな組織として、自発的協力の組織が生まれてくるようになる。このフォーマルな組織は、家族や集落（共同体）などのインフォーマルな組織の周辺部に形成されるが、そのうちの相互扶助を目的とする自発的協力の組織が協同組合である。協同組合は、メンバーシップ制のもと、自らが自らを助けるという意味の自助組織として発展する。

一方、共同作業を目的とする自発的協力の組織がＮＰＯ（非営利組織）である。ＮＰＯ（非営利組織）[12]は、世のため、人のため、仲間が集まって共同作業を行なうという意味で他助組織として発展する。

これらの自発的協力の組織の使命は、自らの組織が外延的に拡大すること、言い換えれば経済システムや政治システムの領域に食い込みながら、ともすれば規模と機能を縮小させがちな家族や集落（共同体）を支え、刺激し、社会システムを再活性化することである。本シリーズのテーマでいえば、「地域の再生」そのものである。

歴史的にみれば、われわれの社会で先行的に成立したのは社会システムである。その社会システムから、農業社会の発展とともに権力機構が確立し、政治システムが分離・拡大していき、ついで工業社会の発展とともに市場が形成され、経済システムが分離・拡大していった。

政治システムは、社会システムでは処理できない大きな問題の解決をはかるための仕組みである。その主たるプレーヤーは政治家であるが、彼らは権力を媒介に脅しあいを行ない、多様な人びとの意思をひとつにまとめあげ、国家的な統制をはかろうとする性向をもっている。ヒットラーのような独裁者が出現したばあいは人びとに選択の自由はなく、意思反映の機会は極小化するが、民主主義社会のもとでは、人びとに経済的自由と政治的平等を保障しながら賛同者を増やし、より多くの人びとに、より多くの幸せを提供することをその使命としている。

このような政治システムのもとで、行政機関を通して提供されるのが公益的サービスであるが、そのサービスは高い公共性を有するために、地域社会における防災・防犯、環境、福祉、教育、文化などの分野で目の行き届かない個所が数多く残される。公共セクターによる公益的サービスでは形式的公平性に重きがおかれるため、相手の立場に立って当事者に寄り添うということがむずかしいからである。公共セクターのこうした短所をおぎなうように、残された個所を市民の手によって穴埋めしようとするのが、社会システムの周辺部に形成されるNPO（非営利組織）である。それゆえ、NPO（非営利組織）は社会システムと政治システムの重なりあうところに位置するといってよい。

一方、経済システムは、モノやサービスを生産し、分配し、消費するための仕組みである。その主たるプレーヤーは資本制企業であるが、彼らはカネを媒介に競いあいを行ない、他者をけ落とし、自らの組織や利益の拡大をはかろうとする性向をもっている。資本主義の原理からいえば、利潤の確保のために市場の拡大を求めるのがつねであり、その障害物は対内的にも対外的にもこれを排除しつつ、投資家に最大の利潤を分配することをその使命としている。こうした市場原理主義のもとで、失業やそれにともなう地域社会の崩壊、環境破壊などの問題が引き起こされるが、こうした市場の失敗を是正する力は経済システムのなかからは生まれてこない。

こうした三つのサブシステムのもとで、今いちど協同組合の位置を明示するならば、それは社会システムと経済システムの重なりあうところに位置するといってよい。このことは、協同組合は社会システムの助けあいのなかから生まれ、発展してきたのであるが、同時に経済システムのなかで、資本制企業とあるばあいには同調し、またあるばあいには対抗しながら、組織の存続をかけた闘いを日夜続けていることを意味する。これはレイドローのいう二重の目的のうち、経済的目的を達成するための至極当然な行為であり、したがって、協同組合に第一に求められていることは事業の継続のために、けっして赤字を出さないことである。

これに対し、NPO（非営利組織）は社会システムと政治システムの重なりあうところに位置する。このことは、NPO（非営利組織）は協同組合と同様、社会システムの助けあいのなかから生まれ、発展してきたのであるが、同時に政治システムのなかで、行政庁とあるばあいには同調し、またあるばあいには対抗しながら、組織の存続をかけた闘いを日夜続けていることを意味する。ここで同調とは、行政庁から資金や情報の提供を受けながら事業の存続に腐心することをさし、対抗とは、行政庁では目の行き届かないサービスを現場レベルで見いだし、それを家族や集落（共同体）に提供するこことをさしている。政治システムと重なりあう領域に位置することから、NPO（非営利組織）は他助組織すなわち公益組織という性格をもっている。

では、レイドローのいう協同組合における社会的目的の達成とはどのようなことを意味するのであろうか。それはとりもなおさず、協同組合は、NPO（非営利組織）と同じく社会システムから生まれてきた自発的協力の組織として、家族や集落（共同体）を支援し、その再活性化に貢献することである。そのばあいの貢献とは、協同組合のメンバー（組合員）だけにかぎらず、メンバー以外の人びとにも役立つような公益的サービスを提供することにある。しかし、それは無条件に行なわれるべきではなく、協同組合のメンバーの承認する範囲内において行なわれなければならない。したがって、協同組合に第二に求められていることは、協同組合の領域をNPO（非営利組織）の領域に向かってできるかぎりシフトしていくこと、つまりは協同組合とNPO（非営利組織）の重なりあう領域を拡大することにほかならない。

ここで、協同組合とNPO（非営利組織）の重なりあう領域の拡大とは、本節の冒頭で述べたように、「共助・共益の組織から、共助・共益の組織ではあるものの公益をも配慮した組織へ」あるいは「協同組合とは企業経営と社会的関心のバランスのとれた混合体」のことをさしている。

3　地域社会に責任をもつ農協をめざして

経済システムの拡張とともに、あるいは市場原理主義や新自由主義の浸透とともに、家族や集落（共同体）の規模や機能の縮小が起こっている。人と人とのつながりが希薄化し、助けあいの精神が失われつつある。条件不利地域では高齢化、過疎化がすすむ一方、都市近郊地域では都市化、混住化がすすみ、農地の減少はもとより、集落（共同体）に残されている環境や文化、福祉のよりよき伝統がすたれはじめている。

図序―2に示すように、1970（昭和45）年から2010（平成22）年までの40年間に、農家率が50％以上の農業集落は、78・4％から28・3％へと、50ポイントという大幅な減少を示している。

以上のような農村社会の変化は、人と人とのつながり、家と家とのつながりを格別に意識しなくても、人びとが何不自由なく生きていかれるようになったことを意味する。集落（共同体）から家々が自立し、家から個々人が自立し始めているのである。それはくらしの領域のみならず、基盤整備と機械化がすすんだ営農の領域でも同じである。まわりの目を気にせずに「自分が好きなようにやる」という自由裁量の余地が広がった。このことは個人が自らの意思により、快適なくらしを追求できるようになったことを意味するが、その半面、何か事が起こったばあいには、まわりからの手が差しのべられない可能性が高まっていることも意味している。無縁社会といわれるものがその典型であるが、

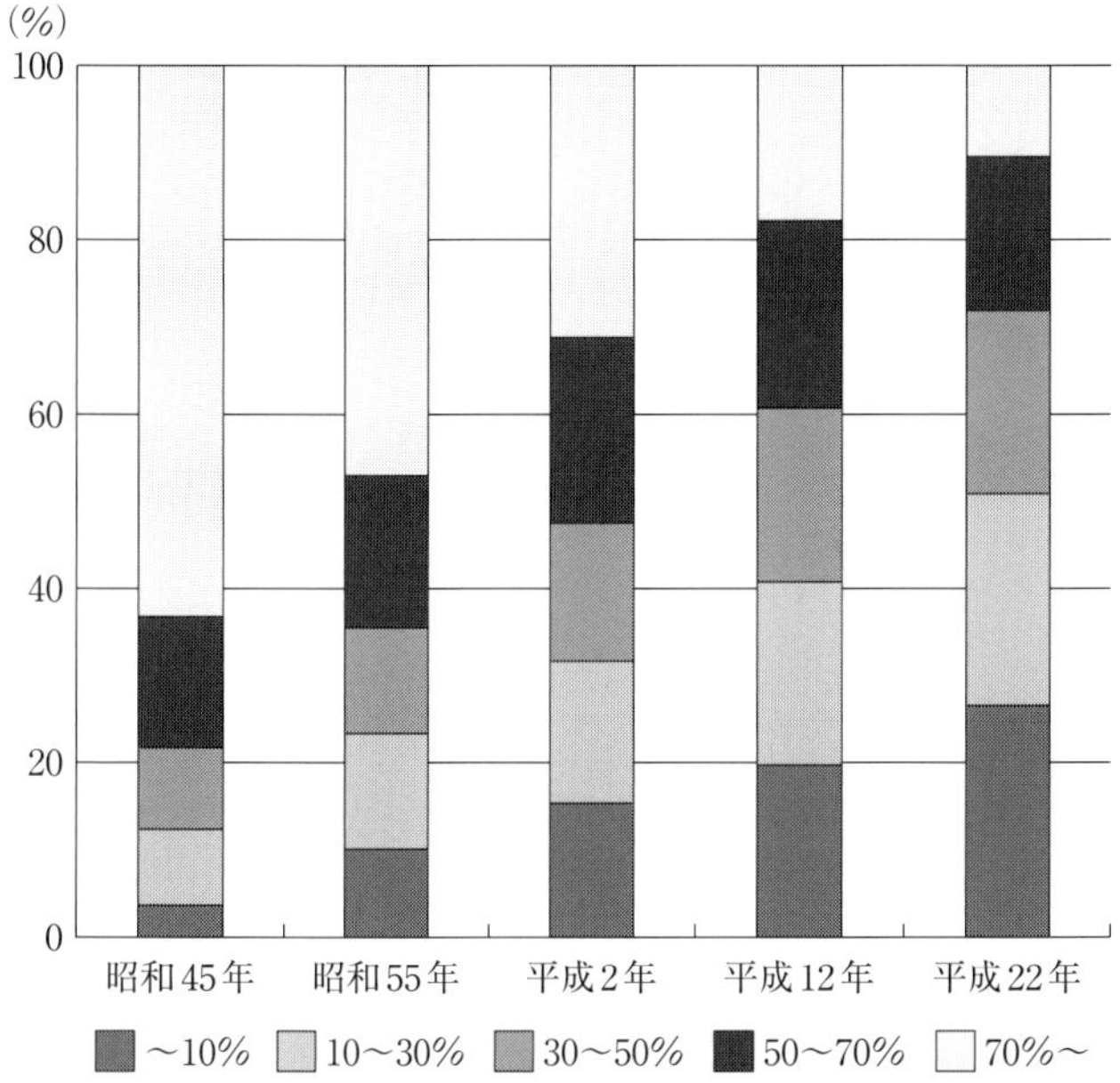

図序-2　農家率別にみた農業集落の構成変化（昭和45～平成22年）
資料：農林水産省『世界農林業センサス』（各年版）

ひとりぐらしのお年寄りの面倒を誰がどのようにみるのか、小さな子どもの面倒を誰がどのようにみるのか、さらには地域の防災や防犯に誰がどのようにたずさわるのかなどが、地域社会において大きな問題となっている。

こうした家族や集落（共同体）の規模や機能の縮小に直面して、協同組合としての農協がどのような貢献をなすかが問われている。レイドローがいうように、農協は事業的・商業的に成功しなければならないことは当然としても、それだけで満足してよいのであろうか。ひるがえって考えると、わが国の農協は、集落（共同体）という地域の紐帯のもと、行政庁の支援や権威づけという特別な配慮を受けて発展してきたという遺産をもつ。この遺産のゆえに、組織や事業の組み立てにあたっては、集落（共同体）を母体とする農家組合をつかむことが家々をつかむことに通じ、農家組合をつかめば組合員とその家族の農協への忠誠心を確保できるという特別の構造をもっている。伝統的に確立されたこの方式を踏襲するのがベストであって、農協が個々人のニーズや願いを直接つかむということはじつは大変不慣れである。

もちろん、農家組合をつかめば家々をつかみ、家をつかめば個々人をつかめるという実態が残っているところは、それはそれでよい。そういう地域があることも確かである。しかし、集落（共同体）から家々が自立し、家から個々人が自立し始めているところでは、その多くが組織・事業基盤の弱体化に直面し、その体制を立て直せないままでいるのではないだろうか。たとえば、女性部組織を取り上げれば、地域婦人会の衰退とともに女性部員が減少し、女性部の解散に打つ手が見いだせないという農協も数多い。こうした事態に直面し、女性部を自前の組織として立て直すとか、活動ベースの新しい女性組織をつくろうとする農協がある一方で、そのような意欲も危機感もない農協もある。そうした鈍重な農協に明るい将来が期待できるであろうか。農協の将来にとって女性力を結集することがいかに大切か、また、そのためにはいま何かをしなければならないという気づきこそ重要である。

この何かをしなければならないという気づきは、すなわち、地域に根ざした協同組合として、「地域社会に責任をもつ農協」を自覚することにほかならない。ここで、地域社会に責任をもつ農協とは、およそつぎのような内容をもつと考えられる。

①事業的、商業的に成功を収めていなければならない。しかし、それに満足してはいけない。
②高い世帯加入率を実現しなければならない。
③「わたしの幸せづくり」を通して、「みんなの幸せづくり」をめざさなければならない。
④地域社会の問題解決に役立つアプローチとして、組合員参加の手法を取り入れなければならない。

①はこれまでに説明してきたので省略する。②の意味はこうである。「地域社会に責任をもつ農協」をめざす以上、その運動の賛同者を増やすことが大前提である。それも農業協同組合である以上、農業振興に力を入れ、そのことをもって地域からの信頼を集め、食料の生産と消費の経済的領域における社会的連帯の輪を広げるように努力しなければならない。食料の生産と消費の社会的連帯は、農業協同組合だけがなしうる農協固有の価値である。

巷間、准組合員が正組合員を人数的にオーバーしたことを問題視する論調に出あうことが多いが、生産と消費の社会的連帯を考えれば、この数的逆転はむしろ当然のことであって、農協運動が地域で正当に評価されていることの証左である。もちろん、農業振興をないがしろにし、自らの事業的、商業的野心だけで組合員獲得に注力しているのであれば大問題であるが、じっさいは農業振興なくして地域からの信頼を集めることはほとんど不可能である。

地域からの信頼の指標として正当なものは、正組合員に対する准組合員の比率ではなく、地域の非農家に対する准組合員の比率である。1万戸の非農家があるとして、どれだけの非農家が准組合員として加入しているかが問われなければならない。仮に正組合員戸数が５００戸、准組合員戸数が１０００戸で、准組合員が正組合員の2倍であったとしても、非農家のうち准組合員として加入しているのはわずか10％にすぎない。これでは、協同組合として、農協が地域から信頼されているとは到底言えないであろう。

つぎに、③の意味はこうである。ここで、農協運動における「幸せづくり」とは何かが最初に問われなければならない。農業協同組合であるから農業振興は大切であるが、そこでは何のために農業振興を行なうかが問われなければならない。このことは農業振興それ自体が大目標ではなく、農業振興を手段としたところの農協運動の大目標とは何かという問題を識別することにほかならない。

農業経済学のテキストをひもとけばただちにわかるように、農家経済の最終目標は、農業所得の最大化ではなく、農業所得の最大化を通しての農家所得の最大化、さらには消費経済の側面も含めて農家効用の最大化におかれている。農業所得の最大化なくして農家所得の最大化はなく、農家所得の最大化なくして農家効用の最大化はない。この農家効用の最大化というのを現実世界にあてはめて考えると、その最も適当な表現は「幸せづくり」になるのではないかと筆者は考えている[13]。

ここで「幸せ」とは英語でwell-beingと表現される。wellとは「満足な」とか「健康な」を意味し、beingとは「…であること」を意味する。両者をあわせて、well-beingとは「満足な状態であること」「健康な状態であること」を言い表している。

なぜ協同組合運動で「幸せづくり」がテーマ化されるのかというと、現実のわたしたちのくらしがけっして幸せではないからである。たとえ現在は幸せであっても、将来に大きな不安をかかえているからである。誰もがそうであるように、経済的な不安、社会的な不安、肉体的な不安から自由ではない。

協同組合の活動と事業は、この不安の解消という意味での「幸せづくり」を旗印に実践されなければならない。社会的経済の考え方に立てば、この幸せづくりには二つの段階があって、その第一段階は自助組織としての「わたしの幸せづくり」であり、その第二段階は他助組織としての「みんなの幸せづくり」である。「わたしの幸せづくり」なくして「みんなの幸せづくり」はなく、「みんなの幸せづくり」なくして「わたしの幸せづくり」はない。その意味で、「わたしの幸せづくり」と「みんなの幸せづくり」は相互規定的であるといってよい。

とくに、農業協同組合が取り組むべき地域社会の問題とは、

・雇用（仕事おこし）
・保健と医療
・いのち（をつなぐ食と農）
・農地ないし国土の保全
・環境・エネルギー
・高齢者福祉
・次世代対策

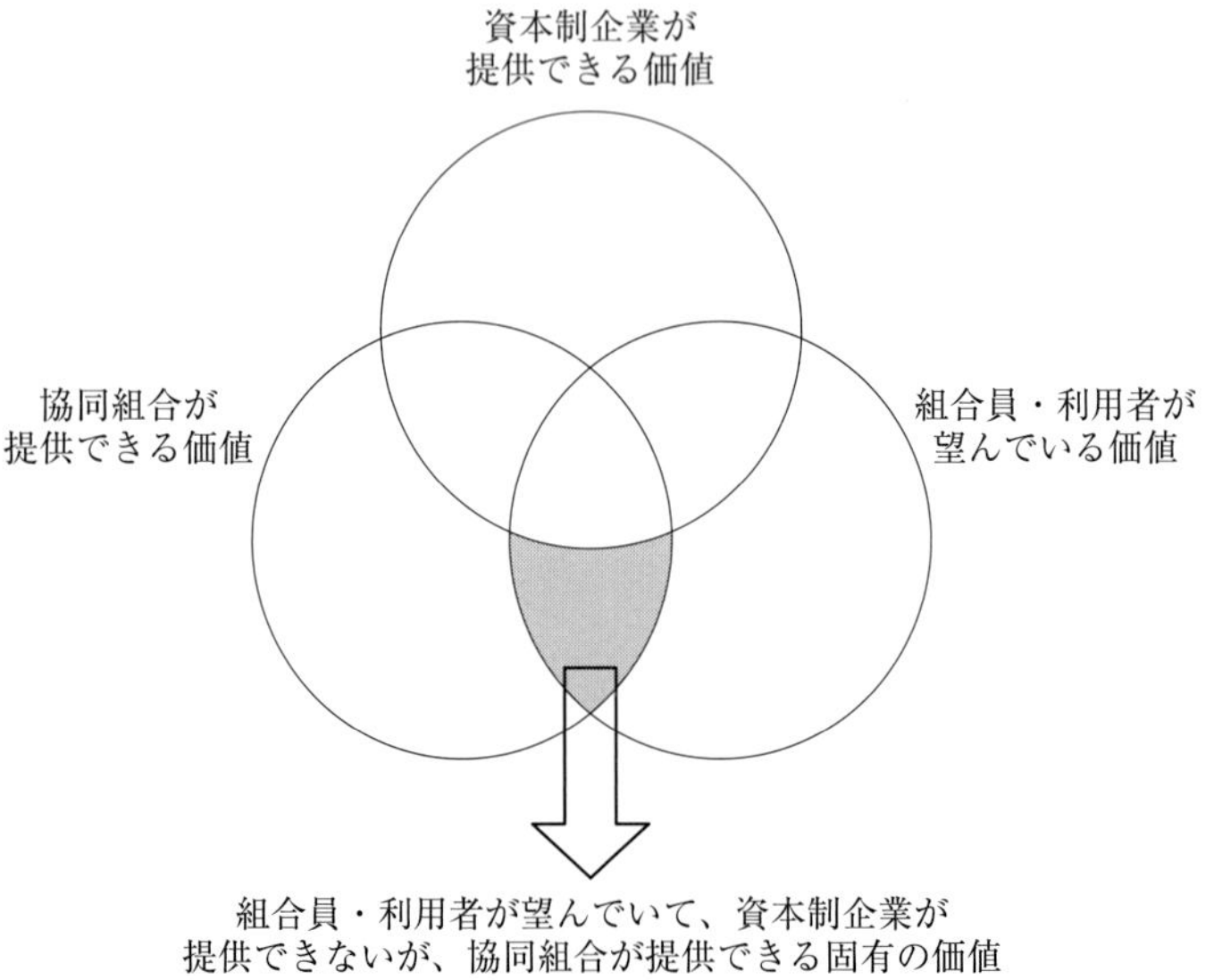

図序-3　協同組合固有の価値

・障がい者の社会参加

などではないかと考えている。これに加えて、これらの問題解決を役職員と組合員が一緒になって取り組むための基礎的条件として、役職員教育と組合員学習があることは言うまでもない[14]。

ここで「問題解決を役職員と組合員が一緒になって取り組む」と述べたが、その意味は役職員が先行してもいけないし、組合員が先行してもいけないということを表している。そこには、組合員が協同組合を所有し、統治し、利用するという協同組合の特性が含まれている。このことを表現したのが④、すなわち組合員参加という手法を取り入れながら、地域社会の問題を解決していくというアプローチである。

このアプローチは、図序-3に示すように、協同組合固有の価値として提示することができる。ここで、協同組合固有の価値とは、組合員・利用者が望んでいて、資本制企業が提供できないが、協同組合が提供できる固有の価値として表すことができる。この領域は、組合員・利用者が望んでいる価値の円内にあって、かつ資本制企業が提供できる価値の円外にあり、かつ協同組合が提供できる価値の円内にある領域として定義できる[15]。

この領域の発見は、しかし、簡単に実現できるものではない。おそらく、組合員・利用者と役職員の主体的な学習と相互間のコミュニケーションの徹底を通して、「情報の共有」「認識の共有」「理念の共有」が達成されたばあいにのみ実現できるものである。これは、組合員を顧客（＝お客様）とみなす、資本制企業と類似のマーケティング手法を取り入れている農協にあっては、ぜったいに発見できない領域といってよい。

ふだんから組合員の組織活動を重視し、フォーマルなもの、インフォーマルなものを含めて、組合員・利用者に運営参加と活動参加の機会を提供している農協においてのみ、発見できる領域である。一般に、この運営参加と活動参加をあわせて参加型民主主義と呼んでいるが、この参加型民主主義の有用性は、組合員・利用者、とりわけ正組合員と役職員の相互作用によって大きくなるばあいもあれば、小さくなるばあいもあるという特性をもっている。

この相互作用は、組合員の押す力、求める力が大きければ大きいほど、役職員の返す力、応える力も大きくなり、よりよい参加型民主主義が実現できると考えられる。農協の広域合併、ならびにコンプライアンス経営の徹底、さらには職員の削減、事業の縦割り強化は、この相互作用を弱める方向に作動しているが、その流れを押し戻すのが農協経営の革新（イノベーション）である。この革新はとりもなおさず役員、とりわけ常勤役員の経営力（構想力）にかかっているといってよい。

その切り口は、総合農協であるからこそ多面的であり、かつ地域の特性をふまえて多様である。さらには農協規模にも注意を払っていかなければならない。こうしたことを配慮しながら、本書では、これを「農をつくる」「地域くらしをつくる」「ＪＡをつくる」という三部構成で検討していきたいと思っている。

注

（1）「協同組合のアイデンティティに関するＩＣＡ声明のバックグランド・ペーパー」をさす。日本協同組合学会訳編『21世紀の協同組合原則』２０００年、日本経済評論社、49～50ページ。

（2）いずれの報告もほぼ4年ごとに開かれるＩＣＡ大会で採択されている。レイドロー報告「西暦２０００年における協同組合」は１９８０年第27回モスクワ大会、マルコス報告「協同組合の基本的価値」は１９８８年第29回ストックホルム大会、ベーク報告「変化する世界における協同組合の基本的価値」は１９９２年第30回東京大会での採択である。

（3）日本生活協同組合連合会『西暦２０００年における協同組合』日生協、１９８０年、12ページ。

（4）同右、82～86ページ。

（5）レイドローが示した協同組合における二重の目的を、フランスで発展した「社会的経済」と結びつけた論考に、原弘平「協同組合の新たな位置付け」『農林金融』第64巻第12号、2011年12月がある。

(6) わが国における、社会的経済に関する最も包括的な説明は、富沢賢治「『社会的経済』解題」(J・ドゥフルニ、J・L・モンソン編著『社会的経済』1995年、日本経済評論社所収)に見いだされる。

(7) ジョルジュ・フォーケ『協同組合セクター論』(中西啓之・菅伸太郎訳、日本経済評論社、1991年)72ページを参照のこと。

(8) 栗本昭「日本の社会的経済の統計的把握に向けて」(大沢真理編著『社会的経済が拓く未来』ミネルヴァ書房、2011年)74~78ページ。そこでは、社会的経済の定義を概観するとともに、社会的経済を構成する協同組合、ミューチュアル、アソシエーション、財団の組織的な特質も説明している。

(9) ペストフの三角形については、たとえば、富沢賢治『非営利・協同入門』同時代社、1999年、21ページを参照のこと。

(10) 神野直彦『システム改革の政治改革』岩波書店、1998年、ならびに篠原一『市民の経済学』岩波新書、2004年、96ページを参照のこと。

(11) パットナムは、このようなよりよい成果を生みだす人と人との関係をソーシャルキャピタル(社会関係資本)と呼んだ。ロバート・D・パットナム『哲学する民主主義』(河田潤一訳、NTT出版、2001年)を参照のこと。

(12) 協同組合を自助組織、NPO(非営利組織)を他助組織とする区分は、神野直彦「新しい市民社会の形成―官から民への分権」(神野直彦・澤井安勇『ソーシャルガバナンス―新しい分権・市民社会の構図』岩波書店、2004年)に見いだされる。

(13) 農家経済論に基礎をおかない農業振興論は、しばしば新自由主義的な〝強い農業論〟と紙一重のものとなり、その結果、地域社会や組合員のあいだに溝をつくるような構造政策に農協が手を貸すものに変質しかねないと考えられる。後述するように、農家経済に基礎をおいた農業振興論かどうかがきわめて重要なポイントであり、その違いはまた、全中の「地域営農ビジョン」と農水省の「人・農地プラン」の違いを表していなければならないと筆者は考えている。

(14) 社会的経済の担い手としての農協について、その取組みを先駆的に究明したものに櫻井勇「日本の農業協同組合―社会的経済の担い手としての模索と課題―」(大沢真理編著『社会的経済が拓く未来』ミネルヴァ書房、2011年) がある。そこでは、ここでリストアップされたテーマとほぼ同じものが事例的に検討されている。

(15) バリュー・プロポジションの考え方にもとづくものであるが、永井孝尚『バリュープロポジション戦略 50の作法』オルタナティブ出版、2011年、10ページを参照。

第Ⅰ部

農をつくる

第1章　合併しないで合併効果を生みだすには
――JAネットワーク十勝の事例

1　連帯と補完

　JAネットワーク十勝は北海道十勝管内24農協がつくる事業連帯の組織であるが、その構成メンバーのひとつ、JA士幌町の正組合員1戸当たりの出資金や事業利用量をみると、[(1)] 2010（平成22）年度実績はつぎのとおりである。

出資金　1398万円
販売額（各種交付金を含む）6678万円
生産資材供給高　2828万円
貯金　1億7958万円

貸出金　２０１１万円

都府県の農協からすれば、金額が一桁も二桁も違うことに驚くかもしれないが、その役員からすれば、自らの責任の重さを実感せずにはいられない実績である。しかもそのトップは、24農協すべてが農業者であり、農協、連合組織、さらには行政庁の出身者は一人もいない。

このことから、下手な合併はできない、合併はしないが合併以上の効果を生みださなければならない、合併するにしてもその条件づくりこそ重要だ、というのは、おのずと導かれる結論である。

ＪＡネットワーク十勝は、その規約第１条に、「十勝管内のＪＡ経営・財務の健全性・事業効率などの向上やＪＡ間の事業協同を通して環境変化に対応可能な組織並びに組合員の営農・生活の向上を支援できる組織をめざし、将来、十勝一ＪＡの基盤づくりを目的とする」とうたい、合併しないで合併効果を生みだすのが自らの目的であることを宣言している。

この目的のもと、自らに課す課題をつぎのように整理している。

①ＪＡの財務状況を公正に評価する基準づくりとその実践により、管内ＪＡの財務体質を強化する。

②管内ＪＡの組織力結集によりスケールメリットを生かした協同事業を行ない、十勝農業の生産性向上とコスト低減に努めるとともに、ＪＡ事業の効率化を図る。

③以上により、組合員の営農と生活の向上を支援する組織活動を強化し、さらには十勝一ＪＡの意識統一のための基盤づくりを行なう。

①の財務体質強化に関しては、「ＪＡ個別責任の履行」のもと、ＪＡ財務に関する「十勝独自目標

の設定」「公正な評価」「調査・是正勧告」を行なうとしている。その十勝独自目標は、自己資本比率10％以上、貸倒引当金満度引当、分類債権比率20％以下、退職給付引当金満度引当、固定比率100％以上、農地掛目70％以下、家畜掛目50％以下、などからなるが、2007年（平成19）年度現在、分類債権比率20％以下という目標を達成できていない農協が3つ残っているほかは、すべての農協がすべての基準を満たすようになったと報告されている[2]。

②のJA間協同事業に関しては、「JA事業でのムダの排除」のもと、管理・共済部門、購買部門、農産部門、畜産部門での事業協同をすすめるとしている。具体的には、電算事務、労務事務、顧問税理士、事故処理、検査分析、広域生産団地事業など、「事業量が少なめで専門性の高いもの」について協同化をめざすとしているが、本章では、このうちの広域生産団地事業について詳しく検討することとしたい。

JAネットワーク十勝が発足したのは2001（平成13）年であるが、これにいたった理由は、1994（平成6）年の十勝一JA構想の表明後、さまざまな角度から検討をすすめてきたものの、結論を得られずにいたが、再度、組合員のために行なうべきことは何かという原点に立ち戻った議論を展開する機関として、2000（平成12）年に「十勝地域JA組織整備検討委員会」を設置し検討した結果、実行可能な事業統合を推進しながら組織再編をすすめるのが望ましいという結論を得たことによる。

この過程では、合併ありきではなく、ネットワーク化による機能統合を提唱していた國學院大學の故三輪昌男教授のもとに全組合長が揃って訪問し、教えを乞うたとされる(3)。

当時の十勝地区農協組合長会会長で、現ＪＡネットワーク十勝本部長の有塚利宣ＪＡ帯広かわにし代表理事組合長はこう言う。

「２０００年当時、農協間格差が大きかった。合併で組合員には迷惑をかけられない。ＪＡネットワーク十勝は合併しないためのネットワーク。しかし、合併しないことを前提とはしない。合併しないで合併以上の効果を生みだそう。合併してから課題に取り組むというのではなく、同じことをみんなでやったうえで必要があれば合併する。それならば組合員には迷惑をかけないだろう。」

この精神・理念は、ネットワーク論を持ち出すまでもなく、協同組合の思想そのものである。その思想とは、つめていえば連帯性原理と補完性原理にほかならない(4)。

連帯性原理とは、共通の目的に向かって、人と人とが尊厳と権利における平等のもとでつながりあうことを意味する。「一人は万人のために、万人は一人のために」と表現され、個と全体の関係を言い表している。一方、補完性原理とは、まずはできるかぎり自助努力をする。しかし、それでも問題が解決されないばあいには、いちばん身近な家族に頼る。さらに、それでも解決されないばあいには、隣人に、あるいは地域に相談する。さらにまた、それでも解決できないばあいには、地域を超えるより大きな、より強力な団体に相談する。以上のようなプロセスが形成されることを補完性原理という。

補完性原理のもとでは、上級団体は下級団体の役割に干渉してはならず、団体間における段階的秩序はこれを厳格に守らなければならない。下級団体が自らの力でなしうることを、上級団体が下級団体から取り上げ、自分の仕事にしてはならない。すべての問題はより下級のレベルで解決されるのが望ましいと考えるのが補完性原理の考え方なのである。

ここで、補完性原理は連帯性原理から導かれることに注意しなければならない。すなわち、連帯性原理のもとでは、団体はその構成員に対して責任をもち、構成員もまた団体に対して責任をもたなければならないが、その相互作用のなかで、団体は構成員に配慮するという義務、すなわち団体が果たすべき責務を構成員に配分しなければならないという原理が補完性原理を構成するからである。

こうした連帯性原理と補完性原理のもとでJAネットワーク十勝の協同組合思想を評価すれば、十勝管内24農協を構成員とし、その構成員が自らで解決できない問題を構成員と構成員の自発的な事業連帯で解決し、いたずらに上級団体に問題解決を依頼せず、自らが解決できる問題の範囲を拡大しようとする取組みであると要約できる。

2　ワンランクアップの産地づくりをめざして

(1) 十勝農協連の補完機能

十勝管内24農協にとって、補完性原理にもとづく連合組織のなかで最も身近で、最もシンボル的な存在が十勝農協連（十勝農業協同組合連合会）である。十勝農協連は道内にある地区連のひとつであるが、地区連の多くが有名無実化するなかで最も活発に活動している地区連とされる(5)。おそらく農協間の事業協同というネットワーク組織を構想できたのも、この十勝農協連があってのことだと思われる。

十勝農協連は、1948（昭和23）年に十勝馬匹組合と北海道農業会十勝支部が統合されて設立された。ほかの地区連とは異なり、現在も管内の農協に対して高い補完機能を提供できているのは、その馬匹組合が所有し馬市を行なっていた50haの土地を十勝農協連が譲り受けたことによる。十勝農協連はその土地を競馬場として活用し、馬産振興に役立てようとした。この競馬場は、現在、道内で唯一の「ばんえい競馬」を行なっていることで全国的に有名である。

財務的に安定していることにより、管内の農協に数多くの補完機能を提供している。微生物資材の開発販売、農産種苗の増殖、生乳検査、家畜登録、家畜共進会・共励会、預託牧場の運営、化成工場、営農指導、農協基幹業務のシステム開発・運用を行なう電算事業、農産物・畜産物トレーサビリティシステム、残留農薬自主検査、土壌分析・飼料分析、十勝型GAP（農業生産工程管理）の推進、携帯電話を利用した農業気象・営農情報の提供などに及び、ワンランクアップの産地づくりを可能にする基盤を提供している。畑作収入の減少を補うために積極的にすすめられた野菜の産地化も、十勝農協連の機能なくしては実現できなかったとされる(6)。

また、その企画室では、「十勝農業ビジョン」の策定と推進、十勝農業に関する情報収集・提供、農業経営コンサルタント機能強化に向けた支援体制の整備と人材育成、農作業受委託事業をはじめとする地域農業支援システム、地域農業の担い手育成、さらにはＪＡネットワーク十勝の事務局機能など、管内24農協のシンクタンク的な役割を果たしている。

(2) 畑作・酪農の協同事業

ＪＡネットワーク十勝を構想できたもうひとつの理由として、畑作・酪農部門においてすでに協同事業の実績があったことを指摘できる。

畑作関係の共同施設は合理化の歴史であったといってよい。そのうちの小麦は１９８９（平成元）年、広尾町に、ホクレンと管内23農協が出資して小麦保管サイロを設置し、道外への積出し施設として活用している。各農協で集荷され、乾燥調製された小麦をここに運び入れて、広尾港から出荷している。

テンサイは管内に３つの製糖工場がある。日本甜菜製糖芽室工場が十勝中央部、ホクレン清水工場が北西部、北海道糖業本別工場が南部・東部の各農協からテンサイを集め、製糖している。表１−１に示したホクレン清水工場は１９６５（昭和40）年の操業開始で、２００７（平成19）年実績で42万ｔ、十勝管内の生産量の21％を集荷している。これに対し、１９１９（大正８）年に創立され、道内の製糖工場をリードする立場の日本甜菜製糖芽室工場は１１１万ｔ、58％を集荷し、北海道糖業本別工場は41万ｔ、21％を集荷している。協同組合が製糖工場を経営することにより、商業資本

表１−１　畑作・酪農の協同事業

作目	施設名	設置場所	参加農協
テンサイ	ホクレン農業協同組合連合会清水製糖工場	清水町	清水町、新得町、鹿追町、士幌町、上士幌町
澱原用バレイショ	士幌町農業協同組合澱粉工場	士幌町	士幌町、上士幌町、あとふけ、鹿追町、新得町、十勝清水町、めむろ、木野
	東部十勝農産加工農協連澱粉工場	浦幌町	うらほろ、豊頃町、幕別町、十勝池田町、十勝高島、本別町、あしょろ、陸別、さつない
	南十勝農産加工農協連澱粉工場	中札内村	帯広かわにし、帯広大正、さらべつ、中札内村、忠類、大樹町、ひろお
牛乳	よつ葉乳業株式会社十勝主管工場	音更町	士幌町、おとふけ、木野、幕別町、豊頃町、忠類、中札内村、上士幌町、鹿追町、さらべつ、帯広かわにし、帯広大正

出所：ＪＡネットワーク十勝本部（平成23年度実績）

をけん制する役割を果たしている。

澱原用バレイショは、十勝管内に農協、ホクレン、民間業者が１００にのぼる澱粉工場を経営していたが、輸入トウモロコシを原料とするコーンスターチに押されて経営難に陥り、再編をくり返した。その過程では、工場の適正規模を維持するために、農協が民間工場を買収したこともあった。芽室町のホクレン工場も閉鎖した。その結果、２００７（平成19）年現在では、ひとつの民間工場をのぞいて、士幌町農業協同組合澱粉工場（14万ｔ）、東部十勝農産加工農協連澱粉工場（11万ｔ）、南十勝農産加工農協連澱粉工場（11万ｔ）の３工場に集約されている。

バレイショ生産全体からみると、澱原用バレイショは全生産量87万ｔのうちの40万ｔと、半分以下にシェアを落とし、残りは食用10万ｔ、加工用30万ｔ、種子用５万ｔ、その他用２万ｔに利用されている。加工用が伸びているが、その内訳はＪＡ士幌町とカルビーポテトが11万ｔずつ、ホクレンその他が8万ｔである。

しかし、ＪＡネットワーク十勝の構想に多大な影響を与えたのは畑作物ではなく、牛乳、すなわちよつ葉乳業の設立であった。士幌町農協の組合長にして、ホクレン会長、全農会長を歴任した太田寛一氏の「適正乳価の形成」「酪農経営の安定」という想いを乗せたよつ葉乳業の設立は、加工乳地帯の北海道を飲用乳生産基地へ踏みださせる契機となった。１９６７（昭和42）年の設立であるが、十勝管内の８農協が2・2億円を出資し、雪印乳業を意識して公開会社にはしないと誓いあったとされる。現在の資本金は31億円で、その8農協と十勝農協連が49％、ホクレンが51％を出資し、道内に4工場を設置するまでにいたっている。

（3）野菜の協同事業

豆類、麦類、バレイショ、テンサイの畑作物の価格は、輸入農産物の増大とともに低迷し、これらに代わる新しい作物の導入を模索しなければならなくなった。その結果、「第五の作物」として登場したのが野菜である。とくに十勝中央部の十勝川、札内川水系の沖積土地帯は野菜生産の適地とされ、果菜類、葉茎類、根菜類など、すべての野菜生産が可能である。

ただし、辺境の輸送園芸地帯、すなわち都府県の市場まで最短でも収穫後3日はかかるということの地にあっては、鮮度の落ちやすい生鮮野菜では勝負にならず、そのために鮮度の影響の少ない根菜類を中心とする野菜生産で勝負を挑むほかはなかった。物量的には、全体の3分の2をダイコン、ナガイモ、ニンジンなどの根菜類が占め、そのほかの野菜もハクサイ、キャベツ、トウモロコシなどの重量野菜が主体となっている。用途としても、加工・業務用が多いという特徴がある。

後発産地ではあるものの、この地域の野菜生産は、土地が豊富にあるために小人数の生産者でもより大きな生産量を確保できること、伝統産地の衰退や食品の安全性への意識の高まりなどによって加工業者や卸売市場からも歓迎されるようになったこと、などの強みをもっている。じっさい、タマネギ（加工用）、ニンジン（加工用、生食用）、ブロッコリーなどについては、府県の数農協分の生産量を、機械化によってひとつの生産法人が生産しているという事例もあり、市場での需要増大にも対応可能な状況となっている。

問題は、長距離輸送にも耐えうる集出荷施設や加工調製施設の建設には多大な初期投資が必要であり、生産量の少ない後発産地ではこの種の負担に耐えられないという事態が発生することである。とくに、生産者の取組みが農協の取組みよりも先行するというばあいに、この種の問題が発生する。

この問題を解決するのが、農協の区域を超えた集出荷施設、加工調製施設の共同利用である。これは単に、施設の共同利用による出荷コストの低減にとどまらず、規格や荷姿の統一によって出荷ロットを大きくし、ブランド化をはかって有利販売にむすびつけるという役割も果たしていることに注意しなければならない。

こうした共同利用の状況を示したのが表1−2である。ここでは、十勝広域青果団地と、そのもと

表１－２　野菜の協同事業

団地名	構成農協	品目	集荷場	参加農協	ブランド名
十勝中央青果団地	おとふけ、木野、上士幌町、さつない、幕別町、本別町、士幌町	ダイコン、ゴボウ	各農協	おとふけ、木野、さつない、幕別町、本別町	十勝の野菜
		ナガイモ	各農協	おとふけ、木野、上士幌町、さつない、幕別町、本別町、士幌町	十勝の野菜
十勝広域青果団地	全農協	食用バレイショ	士幌町	士幌町、おとふけ、木野、上士幌町、鹿追町	士幌町
		食用バレイショ	十勝高島	十勝高島、豊頃町	十勝高島
		ナガイモ	帯広かわにし	帯広かわにし、めむろ、中札内村、うらほろ、あしょろ、新得町、十勝清水町、十勝高島	十勝川西長いも
		ダイコン	大樹町	大樹町、ひろお	大樹町
		ダイコン	めむろ	めむろ、十勝清水町	めむろ
		ダイコン	豊頃町	豊頃町、本別町	豊頃町
		ニンジン	新得町	新得町、十勝清水町、鹿追町	新得町
		ニンジン	おとふけ	おとふけ、めむろ	おとふけ（十勝の野菜）
		ゴボウ	めむろ	めむろ、帯広かわにし、中札内村、十勝清水町	めむろ
		タマネギ	木野	木野、帯広大正	木野（十勝の野菜）
		タマネギ	おとふけ	おとふけ、鹿追町	おとふけ（十勝の野菜）
		キャベツ	幕別町	幕別町、上士幌町	幕別町（十勝の野菜）
		ブロッコリー	木野	木野、おとふけ、士幌町	木野（十勝の野菜）
		グリーンアスパラ	帯広かわにし	帯広かわにし、めむろ、中札内村	帯広かわにし
		グリーンアスパラ	おとふけ	おとふけ、木野	おとふけ
		エダマメ	中札内村	中札内村、帯広かわにし	中札内村
		ホウレンソウ	木野	木野、おとふけ	木野
		ユリ根	忠類	忠類、幕別町、さらべつ、中札内村	忠類

出所：ＪＡネットワーク十勝本部（平成23年度実績）

に部分的に成立している十勝中央青果団地という2つの団地があるが、前者は集荷場、すなわち中核となる農協がひとつであるのに対し、後者にはそれが複数あるという違いがある。「十勝の野菜」というブランド名で出荷される十勝中央青果団地では、集荷場は各農協となっているが、これは、それらの農協が野菜の総合選果場を個別に確保し、そこから卸売市場へ出荷していることを表している。ただし、そうした個別対応のなかでも産地の集約化が起こりつつあり、ダイコンは幕別町とさつない、ゴボウはさつない、ナガイモは幕別町、さつない、おとふけに集約されつつある。これらの農協に共通する特徴は、土壌条件がよく、オールマイティーの野菜産地になっていることである。

一方、十勝広域青果団地のうち全農協が構成農協となっている品目は、集荷場への距離や産地形成の経緯から集荷場をひとつの農協が担っており、それぞれの農協のブランド名で出荷されているという特徴がある。

たとえば、ナガイモは帯広かわにしへの結集がはかられているが、これはこの地域のナガイモ生産を拡大定着させるため機械化作業体系を確立したこと、優良系統の選抜と徹底したウイルス病対策をほどこし収量の向上をはかったこと、暗渠による排水改良をすすめたこと、洗浄施設を早くから導入し共販体制を確立したこと、十勝管内の集荷場をもたない生産者にも参加を呼びかけスケールメリットを実現したこと、地域団体商標を取得するとともにトレーサビリティとＨＡＣＣＰ認証を受けブランドイメージの向上をはかったこと、首都圏・関西圏の市場開拓に成功し台湾、アメリカへの輸出にも道を開いたこと、などによるものとされる。

こうした帯広かわにしの積極的な取組みは高く評価され、1979(昭和54)年のめむろから始まり、2009(平成21)年までに、中札内村、あしょろ、うらほろ、新得町、十勝清水町、十勝高島などの各農協が参加し、全国最大規模のナガイモ産地を形成するにいたった。また、2007(平成19)年には、帯広市かわにし長いも生産組合が日本農業賞「集団組織の部」大賞、農林水産祭「天皇杯」を受賞している。

台湾、アメリカへの輸出はアジア系住民の「薬膳料理」としての利用にもとづくものであり、カットして薬膳スープに入れるために大型サイズが好まれ、中型サイズが好まれるわが国の需要と補完関係を有しており、有利販売につながっている。また規格外品については、加工食品メーカーがすりおろして業務用冷凍とろろとして販売している。帯広かわにしの取扱量は約2万tで、十勝中央青果団地グループの約7000tを大きく上回っているが、これは帯広かわにしのみならず、参加農協の生産者の規模拡大によるところが大きい[7]。

集荷場をもつ中核的な農協とそのほかの参加農協の役割分担の関係は、中核的な農協が調製、販売、共計精算を担当し、参加農協の生産者から施設利用料と販売手数料を受け取る。参加農協へは中核的な農協から一定の販売手数料が配分される。なお、配荷権は集荷場を運営する中核的な農協が有し、販売代金の回収リスクを低減するためにホクレン等を通して販売している。

３　ＪＡネットワーク十勝の課題

２００１（平成13）年にＪＡネットワーク十勝が結成されてから11年の年月が経過した。この期間に26農協から24農協へと農協数を減らしたが、合併しないで合併効果を生みだすという当初の理念は一貫して保持されている。

近年、十勝全域で24農協、26万ha、２６００億円の販売高、そして、その経済的波及効果が２兆円という実績は、ほぼコンスタントに維持されている。伝統の畑作、畜産に加えて、野菜の伸長がこれに大きく貢献していることは間違いない。唯一、気がかりなのは農家戸数の減少、すなわち正組合員戸数の減少にみまわれていることである。２００２（平成14）年の７５７８戸から２０１０（平成22）年の６５５２戸へと、８年間に13・５％という大幅な減少を示した。

各農協の正組合員戸数をみると、１００戸未満が２農協、１００～２００戸が８農協もあって、こうした小規模農協からすれば、正組合員戸数の減少はダメージが大きい。加えて、将来的には起こりうるであろう、ＴＰＰや日豪ＥＰＡなどによる輸入農産物の増大や、国の財政状況悪化による農業関連予算の縮減などを考慮すると、その減少に歯止めがかからないことも予想される。合併するならば、それぞれの農協に体力が残されているあいだに合併するのが望ましく、その機を逸すると大変なことになるという危機感もある。合併しないで合併効果を生みだすという当初の理念はいっさい変わらないが、これまで以上に注意深く事態の推移を見守る必要は大いにありそうである。
その経営体力についてであるが、各農協の資金調達と運用の状況を把握するために、財務指標を「金融事業資金グループ」「経済事業資金グループ」「固定資金グループ」という3つの資金グループの側面から検討した。いずれも2010（平成22）年の結果である。
その財務指標、計算式、および成立させるべき理想的な条件は、およそつぎのようなものである。(8)
金融事業資金グループ：金融事業資産－金融事業負債≧0
経済事業資金グループ：経済事業資産－経済事業負債－経済事業借入金－諸引当金≦0
固定資金グループ：固定資産－組合員資本≦0(9)
これらの計算式の意味するところは、金融事業資金グループでは資金調達よりも運用が上回っていることが望ましく、経済事業資金グループと固定資金グループでは資金調達よりも運用が下回っていることが望ましいことを表している。プラス・マイナスの符合でいうと、金融事業資金グループはプラス、経済事業資金グループはマイナス、固定資金グループはマイナスとなるのが望ましい。
その計算結果が表1−3である。ここでは、各グループの実績を資産合計（＝負債・純資産合計）の百分比として表示している。また、その表示にあたっては資産合計の大きい順に並べかえを行なっている。
総じていうと、経済事業資金グループではプラス、すなわち資金調達よりも運用のほうが大きく、その超過分を、固定資金グループのマイナス、すなわち資金運用よりも大きい調達でまかなってい

表１－３　各農協の資金調達・運用の状況

（単位：％）

農協名	資金グループ			資産合計（億円）
	金融事業資金	経済事業資金	固定資金	
K	6.6	0.2	-5.2	1,201
X	1.4	-2.4	-2.6	973
Q	0.6	-0.8	-2.3	697
L	1.1	0.7	-3.7	563
N	1.9	-1.2	-3.3	409
H	-6.1	1.5	1.0	329
U	0.1	-0.2	-4.3	325
P	1.6	-4.0	-1.4	321
C	7.7	-4.9	-6.4	306
M	1.8	-2.7	-1.3	287
W	0.6	0.3	-6.4	279
V	-2.8	3.6	-5.1	264
S	5.0	-1.9	-7.1	244
J	-0.7	0.4	-3.2	242
E	2.3	0.4	-6.0	240
B	-3.2	0.7	-2.1	208
D	-1.4	2.6	-5.3	197
G	4.9	-3.6	-4.6	189
O	-0.7	0.9	-3.8	183
I	1.0	-0.5	-3.8	179
R	6.4	-1.5	-6.5	106
T	5.2	-1.2	-7.6	97
A	2.6	-0.1	-5.9	95
F	7.2	-1.1	-9.8	74
合計	1.9	-0.7	-3.9	8,008

注：１．各比率は、資産合計（=負債・純資産合計）を100とする比率で表示している。

２．シェードがかかっているのは理想的とされる符号と反対のもの。

ることが読みとれる。これは固定資産を上回る組合員資本を経済事業資産にふり向けていることを意味する。

また、H、V、J、B、D、Oの各農協では、経済事業資金グループでの運用の超過分を、金融事業資金グループのマイナス、すなわち資金運用よりも大きい調達でまかなっていることも読みとれる。これは金融事業資産を上回る金融事業負債を経済事業資産にふり向けていることを意味する。

以上を要約すると、経済事業資金グループでの運用の超過は、すなわち経済事業資産（経済事業未収金）が大きいことを意味し、その手当てに必要な資金は組合員資本（出資金・利益剰余金）と金融事業負債（貯金）からふり向けていることを表している。このことは、おおむね、組合員勘定制度のもとで起こりやすいとされる経済事業未収金の発生を抑えることが不十分であり、そのことが全体の資金調達と運用を窮屈なものにしているといってよいだろう。ただし、余資という観点からすると、金融事業負債（貯金）よりも組合員資本（出資金・利益剰余金）からふり向けるケースを先行させ、貯金の流用（＝他部門運用）は極力避けられ、代わりに固定資産の取得を減らすことによって対処していることが読みとれる。

この固定資産の取得を減らすという行為は、とりもなおさず、過剰になりやすい設備投資を農協間の事業協同によって可能なかぎり排除しようとしていることを表し、評価できる点である。JAネットワーク十勝の取組みが奏功しているのである。

なお、すべての資金グループで理想的とされる符合と反対の結果が出ているH農協については、前年の２０１０（平成22）年に作柄不良による事業利用量の減少にみまわれ、赤字決算に陥ったこと、ならびに設備投資が過大で、固定資産の比率が高くなっていることがその原因とされ、事態の推移を注意深く見守る必要がある。

また、理想的とされる符合と反対の結果が出ているのは、やや大・中規模層に集まっているものの、大きくいうと資産合計（＝負債・純資産合計）の大小に関係ないことも読みとれる。これは、財務面における農協規模とは無関係に、農協経営の善し悪しが決まっていることを表している。

注

（1）組合員数は７５１人、そのうち正組合員は６７３人（うち法人33人）、准組合員は78人（うち法人４人）で、准組合員は全体の10・４％にとどまっている。このことから、本農協は農業者の組織する農業協同組合であるという基本的性格を堅持していることがわかる。また、正組合員（個人）は６４０人、正組合員戸数は４３６戸で、１戸当たり正組合員は１・47人となり、女性や後継者も正組合員として加入していることがわかる。じっさい、本農協の青年部、女性部の活動はきわめて活発である。なお、十勝管内24農協の正組合員１戸当たり正組合員（個人）は１・54人で、複数組合員化がすすんでおり、それにともない青年部、女性部の活動も活発である。一方、全24農協の准組合員比率は72・６％にのぼり、農業地帯であっても非農業者の加入が多いが、これはこの地域における農業・農協の役割が大きいことを表すものである。

（2）高田啓二「ＪＡネットワーク十勝の取り組み」『ＪＣ総研レポート』VOL.21、２０１２年春を参照のこと。このほかに、JAネットワーク十勝をとりあげた論文として、太田原高昭「十勝地域の農協ネットワーク」北海学園大学『開発論集』第81号、2008年3月、高原一隆「JA組織間ネットワークは協同のモデルになり得るか―北海道『JAネットワーク十勝』の事例検証―」協同組合研究誌『にじ』638号、2012年6月がある。

（3）三輪昌男『農協改革の新視点―法人ではなく機能を―』農山漁村文化協会、1997年を参照のこと。

（4）社会における連帯性原理と補完性原理は、齋藤香里『ドイツにおける介護システムの研究』五絃社、2011年の第1章を参照のこと。

（5）太田原「前掲書」を参照のこと。

（6）高田「前掲書」を参照のこと。

（7）ナガイモは、麦類→テンサイ→バレイショ→ナガイモ→豆類の5年輪作体系のなかで生産される。地力保持のため、ナガイモを飛ばすこともあるので、30haの経営規模であっても2ha程度が限度とされる。10a当たり4～5tをとると経営は安定するが、この収量が実現されるようになったのは最近のことである。

（8）田中久義『市場主義時代を切り拓く 総合農協の経営戦略』家の光協会、2007年、187～192ページを参照のこと。

（9）ここで、固定資産のなかには外部出資（連合会、農林中金、農業信用基金協会を除く）が含まれている。

第2章　販路多角化で担い手をステップアップさせるには

――JA甘楽富岡の事例

1　青果物流通の革新が意味するもの

青果物流通では、卸売市場流通が主流を占めつつも、その取引形態は市場への無条件委託販売から実需者との契約取引へと変化し始めている。また、大手量販店の品揃え機能の強化や青果物の加工・業務用需要の増加などを反映して、卸売市場を経由しないかたちの実需者との直接取引も増加している。その一方で、より新鮮な青果物を地元の消費者に届けるという農産物直売所も高い支持を得ており、こうした多様な流通形態に対応した産地形成、担い手育成が農協営農事業の課題となっている。

マーケティングとは、単にモノを売ることではなく、素材の価値、文化の価値を生活者に伝えることだとすれば、卸売市場流通は卸売業者という仲介者が存在するために、それらの価値を生活者に伝えることが間接的となる流通形態である。効率的な荷さばきを使命とする卸売市場流通では、品質、数量、価格の数値的情報の交換が主流をなし、そこに意味的情報を乗せることは容易ではない。

生産者側に伝えたい素材の価値、文化の価値があるように、消費者側にも伝えたい願いや価値観、ライフスタイルがある。この両者の交流（＝コミュニケーション）によって新たな取引先や新たな製品、適正な価格が発見されるのであるが、こうしたプロセスを欠いた卸売市場流通とりわけ無条件委託販売では、何を、誰のために、どのように届けるかという意味の〝マーケティング活動〟を重視するような生産者を育てることはなかった。

農協営農事業に今日的に求められているものは、つくられた農産物を消費者に届けるという「物動主義」ではなく、自分たちのつくった農産物を通して生産者と消費者が交流できるような「マーケティング主義」の確立である。こうした交流ないしは関係性の構築なくしてモノづくりに励めば、生産者は大きな物動主義のなかのひとつの駒にすぎなくなり、そこからは本当の意味の農業経営者は育ってこないであろう。

こうした性質を有する青果物流通に変革をもたらし、農業経営者育成の可能性を高めたのがＪＡ甘楽富岡《かんらとみおか》の直販システムである。そこでは従来の販売方式を根本から見直し、首都圏の大手量販店やコープ店舗での「インショップ」、大手量販店との「複合予約相対取引」、さらには地元の「農産

どることによって農業経営者育成のためのステップアップシステムを検討したい。

物直売所」の設置・導入などにより、農業経営者育成の道を開いていった。本章では、その足跡をた

2　生産者のステップアップシステム

ＪＡ甘楽富岡は、１９９４（平成６）年、５つの総合農協と1つの専門農協（蚕糸農協）が合併して設立された。現在の行政区画でいうと、富岡市と甘楽郡（甘楽町、下仁田町、南牧村）を区域とし、正組合員７１００名、准組合員６９００名の、群馬県下有数の大規模農協である。

合併2年後の１９９６（平成８）年に事業本部制が導入され、営農事業本部が設立された。その初代本部長が黒澤賢治氏である（前任は営農部長）。彼の陣頭指揮のもと、営農誘導計画「チャレンジ21農業プログラム」が策定され、ただちに実行に移された。この計画にもとづき同年4月に農産物直売所「食彩館本店」がオープンし、ついで１９９８（平成10）年10月に最初のインショップが西友「リヴィン光が丘」（東京都練馬区）に開設された。これに加えて、合併前から富岡市農協が行なっていた生協、大手量販店との原木生シイタケの相対取引をベースに、野菜と原木生シイタケを抱きあわせた「複合予約相対取引」が開始された。

食彩館本店のオープンにあたっては組合員台帳をもとに可能性のある農家を一軒一軒回り、直売部会への加入促進運動を展開した。加入の意思のある生産者に対しては年間70～80回に及ぶ研修会を開

催し、果樹や野菜の108品目のなかから4品目を組みあわせた年間栽培メニューを提案するとともに、営農指導員や熟練の専業農家で構成されるアドバイザリー・スタッフの実践指導によって技術の向上をはかっていった。

150〜840mという標高差を生かしたリレー出荷、首都圏のインショップまで車でおよそ1時間30分という短い時間距離、首都圏に居住する膨大な消費人口などの要因が幸いして、現在では50店舗にのぼるインショップ（西友、コープネット、東急ストア）のほか、3店舗の「食彩館」、大手量販店との「複合予約相対取引」を含めて、およそ3600名の生産者を確保するまでに成長した(1)。

初心者からプロ生産者にいたるまでのステップアップシステムは、表2-1に示すように4段階にわかれている。

その第一段階は「アマチュア」と呼ばれる初心者の段階で、その対象は土地もち非農家や自給的農家に存する女性や定年退職者、それに農業に〝夢〟をもってやってくる新規参入者たちである。この地域の農業が養蚕、こんにゃくから野菜に転換したのと同じように、工業も製糸産業から電気製品・自動車部品・航空機部品などの技術集約型産業に転換していったが、これらの会社の雇用が減ると農業に戻ってくる人が増えるという関係がみられる。そういう人たちに必要があれば農協が農地をあっせんし、技術を教え、農産物直売所で売れるように指導、誘導している。

3店舗の食彩館の年間売上げ（2009年3月〜2010年2月）はおよそ4億5000万円であるが、管内人口8万人弱、そのほかの直売所もあるというなかでの実績としては高く評価できるであろう。食彩館への出荷は、品目、荷姿、価格のいずれもが生産者の判断にまかされており、自らがもつ生産・販売技術の違いから、売れる生産者と売れない生産者が出てくるのはやむを得ないであろう。

表2－1　生産者のステップアップシステム

区分	販売先	ステップアップの条件	品目選択と配荷権	値決め方式	GAP	生産者
アマチュア	管内直売所（食彩館3店舗）	（食彩館で月間販売額20万円以下の者）	品目選択と配荷は各自の判断（バーコードは各自が付ける）	残荷は毎日生産者が引き取る	未導入	1店舗平均300名（3店舗で900名をめざす）
セミプロ	首都圏インショップ（西友・東急ストア・コープネットの50店舗）	食彩館で月間20万円、年間240万円以上を販売し、食彩館運営委員会の承認を得た者	品目選択は各自の判断、配荷はJAが行う（バーコードは各自が付ける）	週間値決め、店舗の買取り方式	未導入	700名程度
プロ	西友・東急ストア（年間取引）、コープネット・パルシステム（季節取引）	プロ農家2名の推薦を得た者	農協が品目ごとにマーケティングニーズに沿って生産誘導を行い、生産者が生産面積を決定する（面積予約方式）。配荷は農協が行う（野菜パッケージセンター経由）。	「重点野菜推進プログラム」の商品は週間値決め、その他は品目によりシーズン値決めや年間値決めに分かれる	導入済	2,400名程度
スーパープロ	首都圏・関西圏の高級料飲食店	生産共励会など県知事賞受賞歴のある者	同上	シーズン値決め、年間値決めに分かれる	導入済	280名程度

注：現地聞き取り調査による。

とはいうものの、売れないからといって手をこまぬいているわけではない。そこにはおのずとお互いが切磋琢磨する関係が成立している。

食彩館は当初から「農家が、売れる商品をつくれるように腕をみがくトレーニングセンター」として位置づけられており、そこで腕をみがいた者だけがつぎの「セミプロ」ゾーンにステップアップできる。ステップアップの基準は、月間20万円、年間２４０万円以上を販売し、食彩館運営委員会の承認を得た者とされる。この基準をクリアするのは生鮮野菜の販売だけでは苦しく、加工品も加えてはじめてクリアできる水準とされる。

現在、食彩館への出荷者は９００人、そのうちの７００人が「セミプロ」、すなわち首都圏のインショップへの出荷が許される。この人たちは、自らの判断で食彩館とインショップへの出荷のどちらか、あるいはその両方を選択できる。

インショップ出荷は量販店との契約出荷という性格をもち、前週の金曜日に量販店からの予約注文を受ける。これが「週間値決め、店舗の買取り方式」といわれるもので、生産者に販売リスクはない。しかし、金曜日の商談を受けて、農協が生産者に出荷量と価格を提示し、生産者が何をどれだけ出荷するかを自己申告する。自己申告したのちは、どんなことがあっても欠品は許されないので、生産者側に厳しい出荷責任が課せられているといってもよい。

インショップの年間売上げは（２００９年3月～２０１０年2月）はおよそ10億３０００万円、１店舗当たり２６５０万円である。売り場面積も小さいので、それほど大きな金額とはならない。

この「セミプロ」から「プロ」ゾーンへのステップアップのためには、プロ農家２名の推薦を得ることが必要である。セミプロとプロのあいだにはＧＡＰ（農業生産工程管理）という乗り越えるべき壁があり、セミプロがプロに簡単に進出できるというわけではない。このプロゾーンでは、２４００名が生産部会に加入し、パッケージセンターを通して出荷している。

プロ生産者の取引先はその多くがセミプロとダブるが、西友・東急ストアが年間取引、コープネットとパルシステムが季節取引である。値決め方式は週間値決めとロングスパン値決め（シーズン値決めと年間値決め）の二つがある。週間値決めは農協が指定した重点野菜推進プログラムの８品目（露地ナス、オクラ、タマネギ、タラの芽、ニラ、菌床シイタケ、甘楽の柔らかネギ、ブロッコリー）が該当し、ロングスパン値決めはそのほかの品目（原木生シイタケ・シメジ・エノキなどの茸類、下仁田ネギ、サラダ系野菜、こんにゃくなど）が該当する。

プロ生産者の品目選択は、農協が品目ごとにマーケティングニーズに沿った生産誘導を行なったうえで、生産者が作付面積を決定するという「面積予約方式」が採用されている。配荷権は農協にあり、生産者はパッケージセンターにコンテナを使ってバラ詰め出荷を行なう。パッケージセンターではシイタケの「大きさいろいろブランド」やキュウリの「曲がってしまってごめんね」などの独自商品を開発しているため、生産者に課せられる出荷規格もゆるやかであり、出荷労力の軽減に貢献している。

現在では、「プロ」のうえを行く「スーパープロ」ゾーンが設定されており、このゾーンの果樹や野菜を首都圏、関西圏の高級料飲食店に出荷している。このゾーンでは、生産共励会など県知事賞受賞歴のある者、280名程度を選りすぐり、高級料飲食店のニーズにあわせた良品逸品主義のマーケティング戦略が採用されている。値決め方式はシーズン値決め、年間値決めの2本立てであるが、方向的には年間値決めをめざしているとされる。

3　青果物流通の革新を生みだしたもの

卸売市場流通や食管制度は、協同組合の助けあいのなかから生みだされたものというよりは、行政庁による政策誘導とそのなかに連合組織が深く組み込まれた結果の産物といってよいだろう。このシステムに乗っかっているかぎりは本当の意味の「組合員主権」というものはない。農協も、組合員も、国民生活安定のためのひとつの駒としての役割を果たしているにすぎない。

政治システムによって形成された国家規模の閉鎖系が地球規模の開放系に転換されるのにともない、経済システムの拡張に脅かされているというのが現在のわが国の農業農村の姿であるが、この動きに真っ向から対抗するには、消費者・地域住民との連帯のなかで本当の意味の「組合員主権」を確立することが必要である。JA甘楽富岡によるインショップや複合予約相対取引の導入とステップアップシステムの構築は、そういう意味での「組合員主権」の確立に先べんをつけた画期的な取組みであったと高く評価できる。

このような意義をもつ青果物販売事業を成功させている要因として、つぎの3点が指摘できるであろう。

その一つは、誰であれ、農業に意欲のある者には、既存の生産者組織を通してではなく、個人的な指導を行なって、プロ生産者へステップアップできる仕組みを提供していることである。いわば自己責任の世界を導入したことである。

もう一つは、それを保証する仕組みとして、販路をもった生産指導を行なったことである。養蚕、こんにゃくに代わって、原木生シイタケを武器に、大手量販店や生協、高級料飲食店のニーズをいち早くつかみ、朝どりの直送野菜という消費者ニーズにあった商品と販路を開発していった。農協によるこうした取組みは、生産者側からみれば新しい市場を開拓したことを意味している。

最後の一つは、これがいちばん重要であるが、生産者の技量に応じて、生産物をきちんと評価し、生産者を区分したことであった。もしこの評価があいまいだと、インショップや複合予約相対取引というのは成立せず、「とりあえず卸売市場にだせ」ということになりかねない。マーケティングの基本は商品と生産者を区分することにあり、それを可能にするのは農協による厳正な評価にほかならない。農協が責任をもってこの評価を行なうことが農協マーケティングの基本であるが、それは同時に消費者に対して農協が果たすべき役割ということにもなる。

では、なぜ、以上のような取組みがJA甘楽富岡でできたのであろうか。JA甘楽富岡と同じことをどの農協でもできるのかというと、そうではない。その理由のうち、ある部分は首都圏に近いとか、標高差があるとか、小量多品目生産に適した地形であるとかに帰せられるかもしれない。また、黒澤賢治氏というスーパースターがいたからという解釈が成り立つかもしれない。

しかし、ここでは、そういうことも含めて、組合員と役職員とのコミュニケーション、すなわち、組合員の押す力と役職員の返す力の相互作用の結果であると結論づけたい。もう少し正確にいうと、役職員の押す力に組合員の返す力がバランスしていたからにほかならないが、その意味はおよそつぎのようなものである。

よく知られているように、この地域は、碓氷社、甘楽社、下仁田社という上州南三社が設立された、日本の協同組合の発祥の地である。米はできず、養蚕しかできない。そういう立地条件のなかで、各組（各集落）が稚蚕共同飼育場をもち、それを運営していた。そこでは「一郷一学」といって、必要なものは自ら学ぶという学習への意欲が培われていった。「協同組合は何もしてくれねえ」というのではなく、必要なことは「自分たちがやる」という自主・自立の精神が形成されていったのである。

組（集落）ではひとりが何役もやるのではなく、「一人一役」の全員参加型が望ましく、みんながみんなを支えあうという仕組みがつくられた。と同時に、飼育場の利用量は経営規模（掃き立て数）によって大きく異なるので、その利用量に応じて提供すべき資金と労務の量も異なるという仕組みがつくられた。そういう稚蚕共同飼育場の経験のなかから、運営は民主的に、しかし資金や労務は公平にという協同組合原則を学んでいったとされる。

さらに、この点も重要であるが、農家が出荷する繭についても品質に応じて厳格に評価され、区分された。同じ生糸であっても、品質に応じて「輸出用」「桐生の帯用」「地元業者の裏地用」「自家用」に区分され、それに応じて繭代金にも大きな格差が生まれた。こうした原体験が、技量、品質に応じて人を厳格に区分するという現在の出荷システムを違和感なく受け入れたひとつの要因になったといわれる。

そのような歴史のなかで培われた自主自立の精神が、組合員の返す力を形成している。では、役職員の押す力とはどのようなことをさすのであろうか。この点については、この地域の協同組合が一貫して「地域おこし」に熱心であったということを指摘できるであろう。言い換えれば、協同組合が基点となって、大規模農家は養蚕で、小規模農家は養蚕＋兼業で生きていかれるような地域経済をつくった。現代風にいえば６次産業化であるが、この地域には36社にのぼる製糸業者、染色業者、織物業者が出現し、小規模農家の兼業先としての役割を果たしていった。加えて、養蚕があったからこそ地元の商店街も活況を呈したという要因も見逃せない。

このような歴史的経緯をふまえれば、農協が組合員をけん引するにあたって、〝組合員のために〟ではなく、〝組合員とともに歩む〟という姿勢を保持できたのは当然といえるであろう。

農協運動において、組合員と役職員の相互作用は協同組合的性格を保持するうえできわめて重要である。これがないと、組合員と組合の関係は単なる商業上のパートナーとなってしまい、協同組合的性格を喪失しかねない。最近の報告によれば(2)、農協に代わって連合組織が野菜の加工・業務用需要に対応するため、県域あるいは全国域の共販体制を構築するという事例がみられるが、まかり間違うと、その共販はいつしか共販ではなくなり、実需者の集荷代行に転化する可能性も秘めているといわなければならない。そうした事態を避けるためにも、農協の気づきと踏ん張りが求められていると指摘できる。

注

（1）以上はラフスケッチである。詳しくは農文協文化部『農村文化運動』157号（2000年7月号）、161号（2001年7月号）、163号（2002年1月号）、181号（2006年7月号）などを参照のこと。

（2）尾高恵美「JAグループにおける農産物販売力強化の取組み―野菜の加工・業務用需要対応における連合組織の役割を中心に―」『農林金融』第65巻第4号、2012年4月。

第3章　事業・経営革新で水稲兼業農家を元気にするには

――JA越前たけふの事例

1　生産者手取り最優先の米販売

ＪＡ全農が２０１２（平成24）年3月に発表した「平成24年産米の生産・集荷・販売基本方針」は、食管時代から続いてきたそれまでのＪＡグループ米穀事業を厳しく総括し、抜本的な改革に取り組む姿勢を表明したものと受けとれる[1]。

この基本方針が打ちだされたのは、直接的には、東日本大震災と原発事故の発生によって米の不足感が高まり、生産者から消費者への直売が増加するなどの影響で、平成23年産米の連合会集荷量が前年比で10％（28万ｔ）落ち込み、販売先・実需者への安定供給に支障をきたす事態が生じたことによる。しかし、このような事態が生じたのはけっして一過性のものではなく、委託販売と共同計算（以下「共計」と略す）を基礎とするＪＡグループ米穀事業が、米の生産・流通・消費実態と大きくかけ離れているにもかかわらず、抜本的な改革に取り組んでこなかったことによるものである。

食管法が廃止され、食糧法が制定された１９９４（平成６）年の米の集荷販売は、総量１１９９万ｔのうち、生産者直売等４２６万ｔ（35％）、農協直売35万ｔ（３％）、連合会７３８万ｔ（62％）であったが、食糧法が廃止され、新食糧法が制定された翌年の２００４（平成16）年には、総量８５９万ｔのうち、生産者直売等４３９万ｔ（51％）、農協直売57万ｔ（７％）、連合会３６３万ｔ（42％）というように、生産者直売等が大きく伸びるとともに、大きな制約を受けながらも農協直売が健闘した結果、連合会はマイナス20ポイント、実数では半減という大幅な落ち込みを示した。

近年、こうした傾向はよりいっそう明確になり、２０１１（平成23）年では、総量８１３万ｔのうち、生産者直売等４５７万ｔ（56％）、農協直売90万ｔ（11％）、連合会２６６万ｔ（33％）というように、連合会の取り扱いが全体の３分の１に落ち込み、委託販売・共計という食管事業方式によるＪＡグループ米穀事業の低迷が決定的となっている。

こうした状況をふまえて、ＪＡ全農は、平成24年産米では「生産者手取りの最大化」に向けて、①委託非共計や買取りなど地域実態に応じた多様な集荷対策の実践、②播種前契約や収穫前契約などを通じた玄米・精米の販売力強化、③共計単位の細分化、費用共計の導入など生産現場がメリットを感じられるような県域共計のあり方の検討、などをすすめることを表明した。

遅きに失したという感は否めないが、専門家からすればこうした時代がいずれやってくるというのは明らかであった。この分野の第一人者である吉田俊幸高崎経済大学教授は、ＪＡ全農がいう「生産者手取りの最大化」に先立って、「生産者最優先による単協の米穀営農経済事業の活性化」を早くから提唱してきた。[2] 吉田教授が提唱する「生産者最優先」とは、およそつぎのようなことを意味する。「生産者手取り最優先を実現するには、『販売を起点とする事業方式』への転換が必要である。販売を起点とする事業方式は、需給実勢より高値で販売するのではなく、消費者、実需者が受けいれる品質と価格を起点として、生産と結びつけることである。そのうえで、流通コスト、諸経費、生産資材コストを削減し、生産者手取りを最大にすることである。食管制度時代は生産者手取りからすべてのコストの積み上げ方式であり、コスト・流通コスト削減の視点がない。需給実勢を無視した末端価格の価格維持を優先することではない。というのは、米は他の食品との競争時代だからである。」

まさに正鵠を射た指摘である。第1章で述べた「連帯性原理と補完性原理」にもとづく協同組合の思想からすれば、およそ考えられないようなＪＡグループ米穀事業が長年続いてきたわけであるが、ここにいたって、各地の農協が「生産者最優先の米穀営農経済事業」に取り組む動きが加速している。本章では、そのフロントランナーともいえるＪＡ越前たけふの事例を紹介し、この種の議論を行なうさいの材料を提供したい。

ＪＡ越前たけふでは予約数量に対してほぼ１００％の米集荷率が達成され、[3] またその全量を農協が直売しているが、以下ではそのために払われている努力と払おうとしている努力の両方を紹介する。

大きくいって、払われている努力は事業革新といえるものであるが、払おうとしている努力は事業革新にとどまらず、グループ会社への経済事業譲渡という経営革新を含むものである。そこには将来の農協運動に大きな影響を与えるであろう重要な論点が含まれている。当然ながら賛否両論がありうるが、すでに臨時総代会の承認を得ていることから、組合員の意思であるともいえる。この点をふまえておくことも重要である。

2　自立した米穀営農経済事業をめざして

(1) 消費者が信頼する米づくり

ＪＡ越前たけふは、１９９６（平成８）年に武生、南条、今庄、河野の、福井県下４農協が合併して設立された。合併前の１９８９（平成元）年から合併後の２００８（平成20）年までの20年間にわたって、ＪＡ武生、ＪＡ越前たけふの組合長、経営管理委員会会長を務めたのが故池端昭夫氏である。池端氏は福井県議会議長、福井県５連会長、家の光協会会長などを歴任したが、公務が忙しく、実務は部下に任せていたとされる。それを支えていたのが現在の代表理事組合長である冨田隆氏である。

冨田氏は、池端氏のもとで長く部長、参事を務め、２０１０（平成22）年に代表理事組合長に就任した。この農協では、この年に経営管理委員会制度を理事会制度に戻し、その最初の代表理事組合長として冨田氏が選任された。理事会制度に戻したのは、ＪＡ越前たけふ程度の規模では、経営管理委員会制度を導入する必要がなかったからである。行政庁も農協の申し出を受け、ただちに認可した。もともと経営管理委員会制度を導入したのは、池端福井県５連会長の時代に県単一農協の実現をめざしたからであったが、池端氏の死去によりその必要はなくなった。

冨田氏によれば、経営管理委員会制度の欠点は、中途半端な責任体制をつくることにあるという。強いリーダーシップのもと、明確な責任体制の構築が必要とされる現在のＪＡ越前たけふにあっては、理事会制度に戻すことが喫緊の課題と考えられた。じっさい、この農協のこれまでの事業革新とこれからの経営革新の姿をみると、冨田氏の強いリーダーシップを感じる。

冨田氏が最初に取り組んだのは、平成元年の池端組合長就任時に、組合長を説得して、米の集荷率向上のため庭先集荷を行なうことであった。管内には水田が約３０００haあったが、そこからの集荷はこれを農協が無料で行ない、生産者が持ち込むばあいには１俵２００円を支払うこととした。この取組みは現在も続いているが、これを発想したのは、本地域の兼業農家率が97～98％で、全国一の水稲兼業地帯を形成しており、そのため「米の供出日には会社を休まなければならない」という声が組合員からあがっていたことによる。ほぼ１００％の米集荷率が達成されていると述べたが、それはこの庭先集荷によるところが大きい。現在の集荷量は13万９０００俵、高品質米の産地であるが、けっして大産地ではないという状況がこのことを可能にしている。

つぎに取り組んだのが「消費者が信頼する米づくり」である。安全安心はあたりまえで、それに加えて品質・食味の向上が、売れる米づくりの絶対の条件とされた。品質・食味の向上のために導入されたのが疎植、細植え、減肥のほか、遅植えの厳守である。遅植え厳守の取組みは２００３（平成15）年に始まったが、コシヒカリは山間地が5月15日以降、平坦地が5月20日以降、ハナエチゼンその他の品種は5月1日以降と定められた。その誘導策がまた画期的であり、種もみは農協から九つの育苗施設（農協有だが、地域の生産者の共同運営）と担い手農家へ供給されるが、協定日以前の苗出荷を自粛してもらうため、４ｔ以上の床土を購入する大口利用者に対して１ｔ当たり５０００円の値引きを実施している。１施設ないし１戸当たりでは１５０～２００万円の値引きとなるため、農協の要請を守らない者はいないという。

そのつぎに取り組んだのが、２００８（平成20）年度に「農薬を使わない米づくり」を宣言し、全農家のエコファーマー化と特別栽培米の生産拡大に乗りだしたことである。その最初の取組みが種もみの温湯消毒であり、これを全量行なうこととした。これは、このプロセスなくして減農薬は達成できないという理由からであるが、２０１１（平成23）年度現在のエコファーマー認定率は97・６％、特別栽培米導入農家数は２１１名、面積は３８１haで、ともに全県一の実績を誇っている。

一方、消費者が信頼する米づくりには、出荷団体による厳格な品質区分、品質評価が求められており、その一環として、２００９（平成21）年度に静岡精機の食味分析計を7台導入し、コシヒカリを全量この機械にかけることにした。生産農家を刺激するために、経済連の概算払いが1万～1万２０００円の時点で、特別栽培米の1等には１０００円の加算、さらに食味値が85以上のものについては

1000円を加算することとした。このときから生産農家の米づくりに真剣な姿勢が出てきたとされる。

さらにまた、2010（平成22）年度には、ケット科学研究所の穀粒判別機を導入し、特別栽培米の1等で整粒値75％以上、かつ食味値85以上のものについて1俵1万6000円、90以上のものについて1万8000円の概算払いまたは買取りを行なうように改めた。この段階にいたると、生産農家から「農協は本気だ」との声があがるようになり、特別栽培米の勉強に本格的に乗りだすようになったとされる。同時に、生産農家に対して品質向上対策の一環として食味マップを提示し、土地条件に適合した米づくりを誘導するようになった。

こうした産地の努力に対して、消費者からは「その米は本当においしいのか」という声が出てきた。おいしいかどうかは、米屋の段階では決められず、消費者の段階で初めて決まる。こうした観点から、2011（平成23）年度には東洋精米機のトーヨーマルチ味度メーターを導入し、味度にもとづく精米販売に乗りだしている。ブランド名を、この地に居住したという記録が残る紫式部にちなんで〝しきぶ米〟と命名し、子会社のコープ武生が経営するAコープ店のほか、インターネット、新聞チラシを活用して、農協管内を中心に消費者への直接販売を行なっている。

2012（平成24）年3月現在の〝しきぶ米〟の販売動向は、上位等級が50％、下位等級が30％、中位等級が20％の売れ行きという。これは、消費者の志向が「おいしいものにこだわりたい」という層と「ふつうのもので十分」という層に二分されていることを表している。また、この精米販売

表3－1　平成24年産米のインセンティブ買入れ制度

整粒・食味値 ＼ 品種	特別栽培1等米			特別栽培2等米
	整粒判定　70％以上		左記以外	
	食味値85以上	食味値80以上85未満		
コシヒカリ	17,000円概算	15,000円概算	慣行比 1,000円加算	慣行比 500円加算
あきさかり	慣行比 800円加算			—

を知った卸からもランクを指定した注文が入るようになっている。

平成23年産米の集荷・販売動向は、13万俵の集荷に対して、学校給食用、加工用をのぞく12万2500俵（コシヒカリ7万俵、ハナエチゼン4・5万俵、あきさかり7500俵）の販売について、[4]大阪卸2社で約7万俵、東京卸1社で約2万俵、中京卸1社で約1万俵のほか、地元消費で約2万俵、インターネット販売で3000俵の実績をあげている。

卸への販売には決済リスクがつきまとうが、これについては払込みの確認が終わってからの倉庫渡しを原則とし、これを飲めない卸とは取引をしていない。また、大手卸に対しても一回の取引をトラック1車分に制限するとともに1週間以内の振込みを原則とし、この振込みが確認されないと次回の米は渡さない。こうした堅実な方法であれば決済リスクにみまわれることはないが、このような販売ができるのも、農協自らが品質・食味にこだわった生産体制を構築しているからだと評価できる。

なお、この農協では、2012（平成24）年3月の段階で、生産農家に対しては24年産米のインセンティブ買入れ制度を発表する一方、消費者に対しても新聞チラシおよびインターネット上で〝しきぶ米〟予約申込書を提示している。JA全農のいう播種米契約の究極の姿を実践しているわけであるが、その内容は表3－1、表3－2に示すとおりである。平成22年産米と比較して、整粒判定基準、食味値判定基準をやや緩めているが、これは判定基準の設定を生産実態により適合させたものへと改めたことを意味する。また、先ほど述べた〝しきぶ米〟の上位等級とはA、下位等級とはF、中位等級とはB

表3－2　平成24年産「しぶき米」の玄米予約申込書

種別		内容	規格	金額（税込）30kg/紙袋入り
コシヒカリ				
特別栽培米	特A	コウノトリ呼び戻す農法米	農薬や化学肥料を使用せずに栽培されたお米です	17,500円
	A	特別栽培米 しきぶ米85	①食味値85以上　②整粒歩合70%以上	11,000円
	B	特別栽培米 しきぶ米80	①食味値80以上　②整粒歩合70%以上	10,000円
	C	特別栽培米 しきぶ米	①食味値70以上　②整粒歩合70%以上	9,000円
通常栽培米	D	しきぶ・85	①食味値85以上　②整粒歩合70%以上	10,000円
	E	しきぶ・80	①食味値80以上　②整粒歩合70%以上	9,000円
	F	しきぶ米	①食味値70以上　②整粒歩合70%以上	8,500円
あきさかり（精米白度が高く、味にクセのない、粘りのある食感で甘みもあります）				
	G	特別栽培米 あきさかり	食味値80以上、整粒歩合70%以上の玄米	9,000円
	H	通常栽培米 あきさかり	食味値80以上、整粒歩合70%以上の玄米	8,000円

～Eをさしている。

平成24年産米は推定で、水稲作付面積は２６００haで県内の約１割のシェアをもち、特別栽培米の作付面積は５０４haで県内の約４割のシェアをもつ。平成26年産米では、そのすべてを特別栽培米にしたいとの意欲をもっている。

なお、こうした取組みに対する卸と消費者の評価はきわめて高く、３月末の時点で、約13万俵の集荷予想に対して、すでに21万俵の注文が入っているという。農協がここまでのことをやれば、生産者もついてくるし、卸も消費者もついてくることを示しているといってよい。

(2) グループ会社への経済事業譲渡

じつは、米販売のみならず、肥料・農薬などの資材購買についても農協独自のルートを開発している。そのルートとは、着払いの購買ではなく、倉庫渡しの購買を行なって、有利な取引先を確保するとともに、輸送費の低減を求めて物流合理化に乗りだしていることをさしている。その合理化とは大阪から米を取りにくるトラックへの大阪での購買品の積み込みのことをさし、それによって20kg当たり70円前後、通常運賃の６割程度までのコストダウンに成功している。言い換えれば、販売と購買を連動させた物流体制の構築によって、「生産者手取り最大化」の営農経済事業を実現しているのである。

このような事業改革を一歩も二歩もすすめようとするのが、グループ会社への経済事業譲渡である。そのことを報道する２０１１（平成23）年10月７日の「福井新聞」朝刊の１面と９面は、関係者にとって衝撃的な記事だったに違いない。「ＪＡ越前たけふ　経済事業を譲渡へ　13年コープ武生へ　コメ直販、先物も視野」という見出しのもと、つぎのような記事を掲載している。

「２０１３（平成25）年１月に、コメ、肥料の販売や直売所運営などすべての経済事業を、１００％出資会社の株式会社コープ武生に事業譲渡する。農家のＪＡ離れが進む中、従来の枠にとらわれない流通活動を展開することで、組合員や利用者の満足度を高めるのが狙い。（中略…）10月30日の臨時総代会で、正組合員の承認を経て正式決定する。（中略…）同社の事業収支計画書によると、これに伴い売上高は約20億円から約80億円になる見通し。一方、同ＪＡの事業は、金融、共済、監査、一般管理、営農・生活指導になる。（中略…）同ＪＡは今年６月、台湾にコメ約15ｔを試験的に輸出するなど、国内外の販路を積極的に開拓。無農薬など環境に優しい特別栽培米の買取り制度も独自に実施している。（中略…）また中期経営計画案では、コメの先物取引について、積極的に調査・研究を行い、参画を検討することを重点項目の一つに挙げている。冨田組合長は『シンプルな流通経済活動を行うことで、低価格で資材を提供し、高い価格でコメを買い取ることもでき、組合員の満足度を高めていきたい。また、（試験上場中の）先物取引が存続するのであれば、参画を検討するのは当然』と話している。」

ここで記されていることは、ほぼそのまま10月30日の臨時総代会で承認された。しかし、承認された案件はそれだけではない。もう少し正確にいうと、つぎのような計画が承認されたのであった。

①本店機能・支所支店体制の再構築と再整備
②経済事業改革（コープ武生への事業譲渡）
③役職員体制の整備と人事労務管理の見直し

これらを含めて考えると、それは事業改革というよりも、経営改革と呼ぶのがふさわしい。②の経済事業改革はのちに述べることにして、ほかの2点から説明を始めると、その概要はつぎのとおりである。

①の本店機能・支所支店体制の再構築と再整備は、6基幹支店を3基幹支店に、2金融支店を5金融支店に、7支所を廃止し、6コープ今庄地区取扱店を統合する、というものである。これまで手つかずであった支所支店、Aコープの適正配置をめざしたものであるが、これらに対する組合員からの異論はなく承認された。組合員のひとりから「がんばってくれ」との発言があり、流れが決まった。出向く営業態勢をつくるために、新たに70台の車両を購入するとしている。

③の役職員体制の整備と人事労務管理の見直しは、役員の年齢制限、定数、区割りなどの役員選出体制の整備、事業推進が困難な職員に対して年度単位で事業推進から離脱できる推進活動選択制度の導入、退職金の年功序列的性格を薄め、組合への事業貢献度を反映させたポイント制退職金制度の導入、営農指導員の基幹支店配置（水稲）と本店配置（特産品）の導入などに関する検討開始が承認された。

つぎに、②の経済事業改革（コープ武生への事業譲渡）については、内容的には図3－1に示すよ

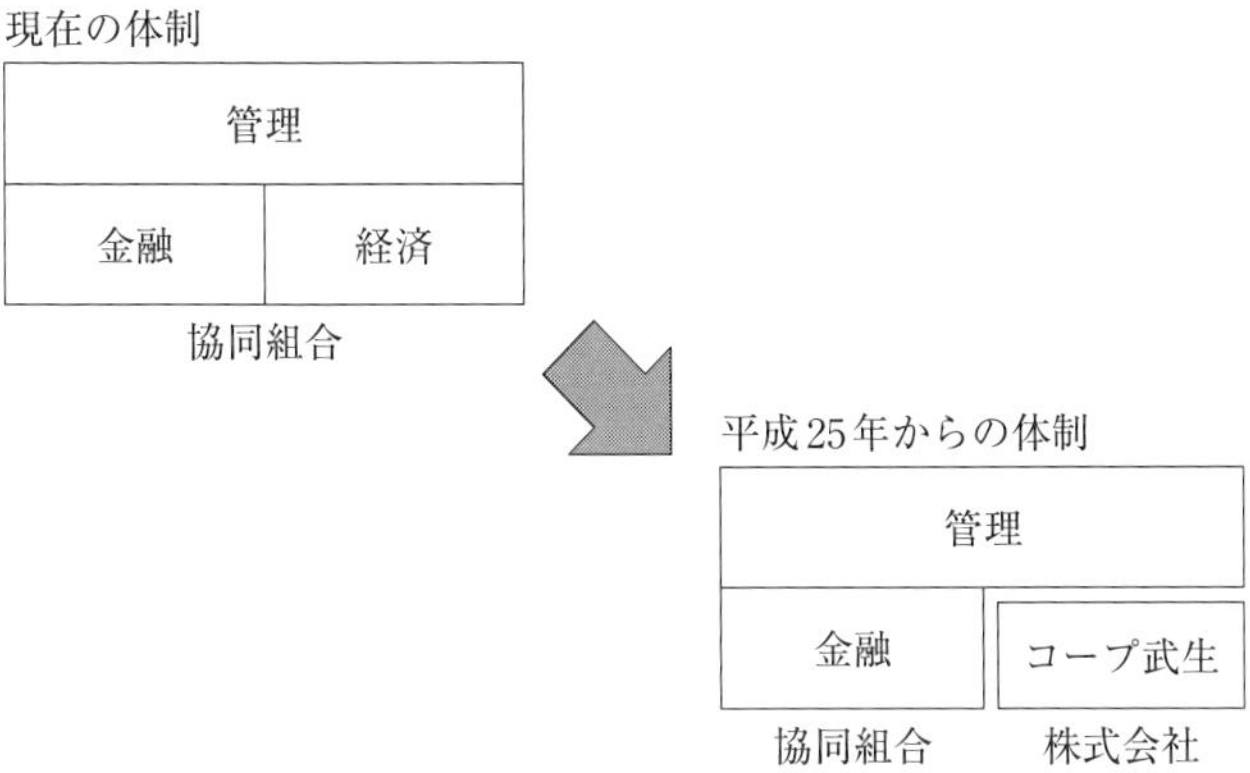

図３－１　ＪＡ越前たけふのグループ会社計画

うに、経済事業を本体の農業協同組合から切り離すという現行農協法で認められた範囲での事業分離の方法をさしている[5]。形態としては「信用・共済事業分離」と同じであるが、正確には、現行法が認める範囲での「経済事業分離」であることに注意を要する。

冨田組合長のアイディアのなかには、いわゆる信用・共済事業分離論にくみするような発想はまったくない。あるのは、経済事業を分離することで、通常指摘されているような「専門化による効率的運営」「特殊な勤務形態への対応」「特殊ノウハウの吸収」「地元事業者との協調」「員外利用制限からの回避」をめざしているだけである。その半面、株式会社化による「独禁法適用除外の解除」「協同組合優遇税制の適用除外」というデメリットもあり、その損得を比較考量してのことである。

冨田組合長のアイディアに大きな影響を与えたとすれば、それは２０１０（平成22）年度の税制改正によってグループ法人税制が導入され、１００％子会社ならびに代表者が同一という条件を満たせば、当該の子会社が農協と一体のグループ会社として取り扱われるようになったことである。資産（譲渡損益調整資産）[6]を譲渡しても、税務上は譲渡損益を認識せず、グループ外に資産が売却された時点で認識する。また、グループ法人間の寄付についても、グループ内で資金が移動したにすぎないと考え、寄付されたほうは益金に算入せず、また寄付したほうも損金には計上しないという措置がとれるようになった[7]。すなわち、グループ会社（子会社）への資金提供によって、グループ会社（完全子会社）と親会社の一体的運営が容易になったことがあげられる。

こうしたきわめて実務的判断によって、経済事業譲渡を決断したのであった。同様の判断が、米の先物市場にもあてはまる。冨田組合長によれば、新聞報道にあるように、米の先物取引が存続するのであれば、「反対する理由はない」「参加を検討するのは当然」としている。じっさい、ホクレンは豆類の先物市場に参加しているし、組合長が個人的に米先物市場へ参加しているJA大潟村の事例もあるなかで、当業者である農協によるヘッジ目的の参加を制限するのは間違いだと考えている[8]。

ただし、その前提には、投機目的で参加する投資家が数多く集まり、公正な価格が形成されているという条件が付されることはいうまでもない。投資家が寄りつかないような米の先物市場であれば、参加の検討は論外である。じっさい、先物価格に影響を与えるような政策決定者や価格支配力をもちうる当業者がいるなかで先物市場の開場を強行することは、株式市場と同様にインサイダー取引を誘発することにもなりかねず、行政当局には慎重な判断が求められている。

なお、米の輸出については、2012（平成24）年度はインドネシアへ10t、台湾へ20tの輸出を計画している。これらは大阪の米穀卸を通して依頼されたものであり、インドネシアはガルーダインドネシア航空の仲介で現地レストラン用として、また台湾は高雄の卸売業者とのあいだで取引される。これらの取引は収穫前の申請を必要とする新規需要米の扱いによるものであり、今後の拡大が期待される。

3　生産技術の統一へ

独占禁止法は、その第22条において、協同組合の一定の行為について適用除外規定を設けている。これにより、連合会および農協が、共同購入、共同販売、共同計算を行なうことについては独占禁止法の適用が除外されることになっている。ただし、同時に、「不公正な取引方法」（昭和57年公正取引委員会告示第15号、「一般指定」と呼ばれる）の第5項（事業者団体における差別的取り扱い等）では、「事業者団体若しくは共同行為からある事業者を不当に排斥し、又は事業者団体の内部若しくは共同行為においてある事業者を不当に差別的に取り扱い、その事業者の事業活動を困難にさせる行為」はこれを禁止している。

この一般指定第5項では、たとえば、ふだんは農協の販売事業を利用していない組合員が、特定の時期にかぎって販売事業を利用することを農協が拒否する行為、これを「受託拒否」と呼べば、農協がこの受託拒否の行為をとることは禁止されている。[9][10] この行為の禁止が、米の需給がひっ迫し、米価格が上昇するばあいには必要な米が集まらず、反対に米の需給がゆるんで、米価格が下落するばあいには必要以上の米が集まるという事態を農協にもたらしている。いわば農協共販が需給のバッファー機能を担っていることになるが、平成23年産米は、まさに米の需給がひっ迫し、農協に、そして連合会に必要とされる量の米が集まらないという事態をもたらした。

こうした事態の発生は米にかぎったことではなく、青果物にもみられることである。しかし、部会等の規約にもとづき使用する農薬・肥料の種類や回数などを統一し、品質・食味を揃える取組みが遅れている米のばあいには、その傾向がよりいっそう明瞭に現れるという特徴をもっている。こうした取組みの遅れは、ひとり農協だけがその責を負うべきものではないが、農協が提案せずに何人も提案できるものではないということも確かである。少なくとも、JA越前たけふの取組みとその成果をみるかぎり、多数の水稲兼業農家が存在するなかでも、農協がやるべきことをやれば、それに応じた米集荷の結果が出てくることは明らかである。

仮にそうした取組みのないままJA全農が提案しているような播種前契約や収穫前契約の手法を導入しても、農協や連合会の集荷率が高まるという保証はない。また、JA全農の提案によれば、買取りや委託非共計のほかに、出荷契約金の活用、出荷確約契約の拡大、および違約措置の履行など契約概念の徹底をはかり、確実に集荷する体制を整えたいとしているが、そのような手法を導入するということは、もはや生産者の共販という範ちゅうを超えて、実需者の集荷代行の範ちゅうに足を踏み入れることを意味し、生産者団体としてはあってはならない姿ではないだろうか。

独占禁止法の趣旨に照らせば、生産技術の統一なしに集荷拒否や契約概念の徹底はできない相談であるから、まずは農薬・肥料の種類や回数の統一、移植日の設定、食味マップの提示などから実践すべきであると結論づけられる。

注

（１）以下は「農業協同組合新聞」平成24年３月30日号のＪＡ全農米穀事業部特集を参考にして記述した。
（２）吉田俊幸「系統農協の米穀事業の現状と活性化への課題―共計、委託販売方式下での全農の販売力低下と単協の米営農・経済事業の新たな動き」『農村文化運動』１８１号、２００６年７月を参照のこと。
（３）ここでいう１００％の集荷率とは、自家保有米、縁故米を除く農家販売量に占める農協集荷量のことをさす。これは農協以外の流通ルートはほぼ完全に排除されていることを意味する。管内生産可能数量（転作を除く）は約23万俵、農協集荷量は13万９０００俵なので、通常の意味の集荷率は約60％になる。
（４）このなかのコシヒカリには特別栽培米の約２万俵が含まれている。
（５）明田作『農業協同組合法』経済法令研究会、２０１０年、２２３～２２４ページを参照のこと。巷間、信用・共済事業分離論が言われているが、農協法第11条の45第１項によれば、農業協同組合は信用・共済事業を分離することはできない。できるとすれば、本件のような経済事業の分離である。したがって、信用・共済事業分離論という表現は誤りであって、正しくは経済事業分離論と表現すべきであろう。
（６）譲渡損益調整資産とは、固定資産、土地、有価証券、金銭債権、繰延資産で、譲渡直前の帳簿価格が

1000万円以上のものをさす。
（7）これまでは、農協から子会社への資金提供は子会社への寄付として扱われ、農協では一定の金額のみが経費として認められるにすぎず、また子会社ではその全額が収入として扱われていた。グループ法人税制ではそうした制約がなくなり、農協からの資金提供が容易になった。ただし、農協運営上その行為が自由に行なえるようになったというわけではなく、寄付金の大きさによっては総代会または理事会などの承認を必要とし、貸借対照表ならびに法人税申告書別表4での加・減算という経理処理が求められている。また、子会社への出資も金銭出資、現物出資の両方が認められ、現物出資のばあいは簿価のままでの移動が可能である。
（8）当業者とは、生産者、集荷業者、卸売業者、外食産業、中食業者、量販店、小売店など、現物を動かしている事業者のことをいう。
（9）かつて、米の生産調整を実施していた時代に、生産調整に参加していない生産者からの出荷を農協は「受託拒否」できなかった。目標の生産調整が達成できず、市場米価が下落しているときに、生産調整を推進している側の農協がその原因をつくっている生産者の出荷を拒否できないという大きな矛盾をかかえていた。生産調整に参加している生産者から怒りの声が農協にぶつけられたのは当然であるが、これはこの「受託拒否」の禁止によるものである。
（10）ただし、農産物の品質を揃え、ブランド農畜産物として出荷するために、品質の均一化等に関し合理的な理由が認められる必要最小限の範囲内で、単位農協の農畜産物の生産方法を統一すること（使用する農薬や肥料その他の生産資材を同じ品質・規格とすること等）は、独占禁止法上問題にならないとされている。農協が、このような取組みを行なったうえで、規約を守らない生産者の出荷を拒否することは可能である。

第4章　技術革新で出荷組織を大きくするには

——JAありだの事例

1　ミカン産地としてのありだ

ＪＡありだは、１９９９（平成11）年に有田市、有田川、西有田、南広、有田中央、東有田の、和歌山県内6農協が合併して設立された。２０１１（平成23）年度末現在、正組合員戸数７２４１戸、准組合員戸数６７４０戸の大規模農協である。和歌山ミカンの大産地であるが、有田川に沿って海岸線から山間地までの奥行きのある区域のため、ミカン産地は有田川下流域に集中している。

現在、ＪＡありだ共選協議会に加入する共選共販組織は、農協直営型が3、農協半直営型が1、集落出荷組織が10あって、その集荷シェアは約8割とされる。残りの2割は個選個販もしくは集落を単位とする個選共販（輸送共同組織）によって担われている。この個選個販、個選共販の形態は伝統的な果樹産地に特有のものであり、有田地域では関西圏の膨大な消費人口をバックに、個人と集出荷業者あるいは集落と市場との結びつきが強いことから存続している。

ミカンは園地の条件によって品質が決定的に異なり、農協直営型の大きな選果場をつくることは困難とされてきた。とくに高品質ミカンを生産する生産者や集落出荷組織の農協への結集が遅れてきたのであるが、そうしたなかで農協直営型選果場におけるカラーグレーダー（色、形、傷、大きさなどの等階級選別に用いられる検査機器）と光センサー（糖と酸の内部品質選別に用いられる非破壊検査機器）の登場は、この地域の出荷組織のあり方を大きく変えることとなった。両機器の登場によって厳格な品質区分、品質評価が可能となり、ミカンの選別にともなう生産者の不平不満を抑えるように作用するとともに、市場の信頼を獲得できるようになったからである。

これにともない、農協直営型の共選共販の参加者が増加し、代わりに個選個販や集落出荷組織の解散が起こっている。これは農協直営型の共選共販が「生産者手取りの最大化」を達成するうえで最も適切な方法になりつつあることを示している。本章では、ミカン産地のＪＡありだを事例として、手作業で行なわれる個選個販あるいは個選共販から、カラーグレーダーや光センサーを使った農協直営型の共選共販への転換によって、生産者たちが協同の利益を獲得できるようになった道筋を描くことにしたい。

ただし、話はそれだけで終わるものではない。この協同の利益を得るには、隠れたコストとして、組織化コストを生産者（共選共販の参加者）たちが負担しなければならないことを強調することも本章の目的に含まれる。否、正確には、そのことに主眼をおいているといってもよい。

農協直営型の共選共販はより多くの生産者たちの合意を得なければならないという点で、個選個販ないしは個選共販には存在しないコストが発生する。それが組織化コストであるが、そのコストは、共選共販の出荷組織を設立し運営するためのコストとして定義される。農協の共選共販組織のみならず、いかなる出荷組織も組織化コストを必要とするという意味で、適正規模というものがあり、やみくもに出荷組織を大きくすることはできない。

一般に、協同の利益を得るには組織としての合意が必要である。その合意は参加者の努力なしには達成されない。他人への配慮と互いが納得するまでの忍耐が必要である。それに要する時間コストが組織化コストを構成している[1]。参加者が同質で、協同ないしは協働への願いが共有でき、組織化コストが低くなるばあいもあれば、参加者が異質で、協同ないし協働への願いが共有できず、組織化コストが高くなるばあいもある。

仮に集落の結束が強くて、集落内の組織化コストが十分に低ければ、集落を単位とする共選共販組織を設立し運営することが可能である。しかし、そうした集落をいくつか束ねて、より大きな共選共販組織をつくろうとすると、互いの意思疎通が困難となり、組織化コストが禁止的に高くなるばあいがある。このばあいには、集落を超えた共選共販組織の設立・運営は困難となり、集落を単位とする共選共販が安定した出荷組織ということになる。

こうした状況のなかで、客観的で、迅速かつ正確な品質区分、品質評価が可能なカラーグレーダーや光センサーが導入されると、集落の範囲を超えたより広い範囲での合意が成立しやすくなる。互いのわだかまりが消えて、物事を合理的に判断しようとする気運が醸成される。共選共販組織を大きくして、より大きな経済的利益を得るのが得策と考えるようになる。集落の範囲を超えた農協直営型の共選共販組織の誕生である。一般に、この過程はミカンの条件不利地域から始まり、ついで条件有利地域へと波及していったとされる。以下では、こうしたストーリーをＪＡありだを事例として、組織化コストという概念を使って説明していきたい。

2　共選共販組織の適正規模とその変化

(1) ＪＡありだの共選共販組織

現在、ＪＡありだには三つの直営型の共選共販組織、すなわちＡＱ中央選果場（柑橘部会）、ＡＱ総合選果場（柑橘部会）、ＡＱマル南選果場（柑橘部会）がある。(2) このほか、ＡＱ選果場としては登録されていないが、半直営型の共選共販組織としてありだ共選がある。ここで、半直営型とは、職員と施設を農協が提供し、運営を生産者の任意組合が行ない、販売を和歌山県農協連が担っていることをさしている。(3)

これら共選共販組織の設立年、出荷者数、温州ミカン販売量、選果機器（カラーグレーダーC、光センサーP）はつぎのとおりである。

ＡＱ中央選果場（２００４年）５５０名、１万６０００t、Ｃ24条、Ｐ24条
ＡＱ総合選果場（１９８０年）７９０名、１万５０００t、Ｃ30条、Ｐ24条
ＡＱマル南選果場（１９６６年）１７０名、５０００t、Ｃ12条、Ｐ12条
ありだ共選（１９７２年）４５０名、１万t、Ｃ18条、Ｐ18条

これら四つの共選共販組織の集荷シェアは約6割とされる。このうち、ＪＡありだ設立後に設置されたのはＡＱ中央選果場であるが、その源流は旧有田川農協と旧西有田農協の集落出荷組織に求められる。同様に、そのほかの共選共販組織の源流も、ＡＱ総合選果場は旧有田中央農協、ＡＱマル南選果場は旧南広農協、ありだ共選は旧有田市農協の集落出荷組織に求められる(4)。

これらの共選共販組織は集落出荷組織の統合によって参加者（出荷者）を増やし、建物や機械、さらには提供する機能を整備してきた。カラーグレーダーや光センサーの条数も出荷者数、温州ミカンの販売量に応じて異なっている。これらの組織の規模は歴史的なものといえるが、同時にそれは農協がミカンの販売事業を提供するために要するコストと、生産者が出荷組織を設立し運営するために要するコストの複合的な判断の結果、成立しているものである。その意味で経済的、社会的なものといってよい。

(2) 共選共販組織の適正規模

では、こうした農協直営型の共選共販組織の規模はどのようにして決まったのであろうか。図4－1と図4－2がそのことを表している。図4－1はカラーグレーダー、光センサーの装備以前の共選共販組織の状態を表し、図4－2はそれらの分析機器を装備したのちの共選共販組織の状態を表している。

共選共販組織の規模を決定するものは、農協が事業を提供するために要するコストと、生産者が出荷組織を設立し運営するために要するコストの二つである。ここでは前者を事業コスト、後者を組織化コストと呼ぶことにする。

事業コストは、選果場の運営に要する人件費、施設費、および光熱水道料などのその他費用からなる。そのコストは、一般に、規模の経済が働いて事業量（出荷量）の増大とともに低下する性質をもっている。より大きな事業量（出荷量）に対して、それを効率的にさばくことのできる担当者や建物・機械を設置できるようになるからである。横軸を出荷量、たて軸を出荷量1単位当たりの事業コストとすれば、その事業コストは右下がりの曲線となるであろう。この事業コストを出荷者に賦課したものが、施設利用料と販売手数料である。

一方、出荷組織を設立し運営するために要する組織化コストは参加者の増大とともに上昇する性質をもっている。より多くの参加者が合意するためにそれぞれの参加者が払うべき努力、具体的には合

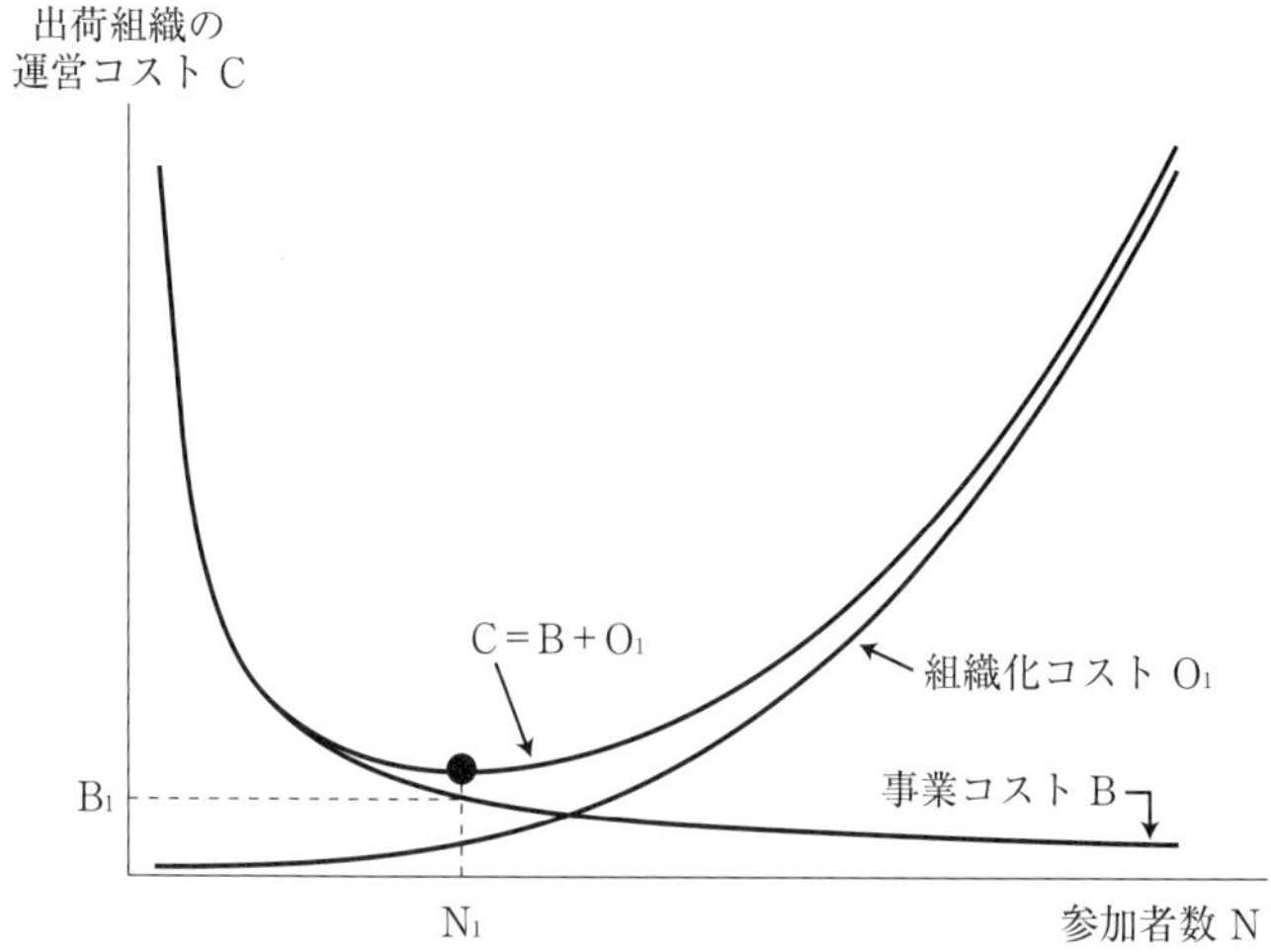

図４－１　出荷組織の運営コスト

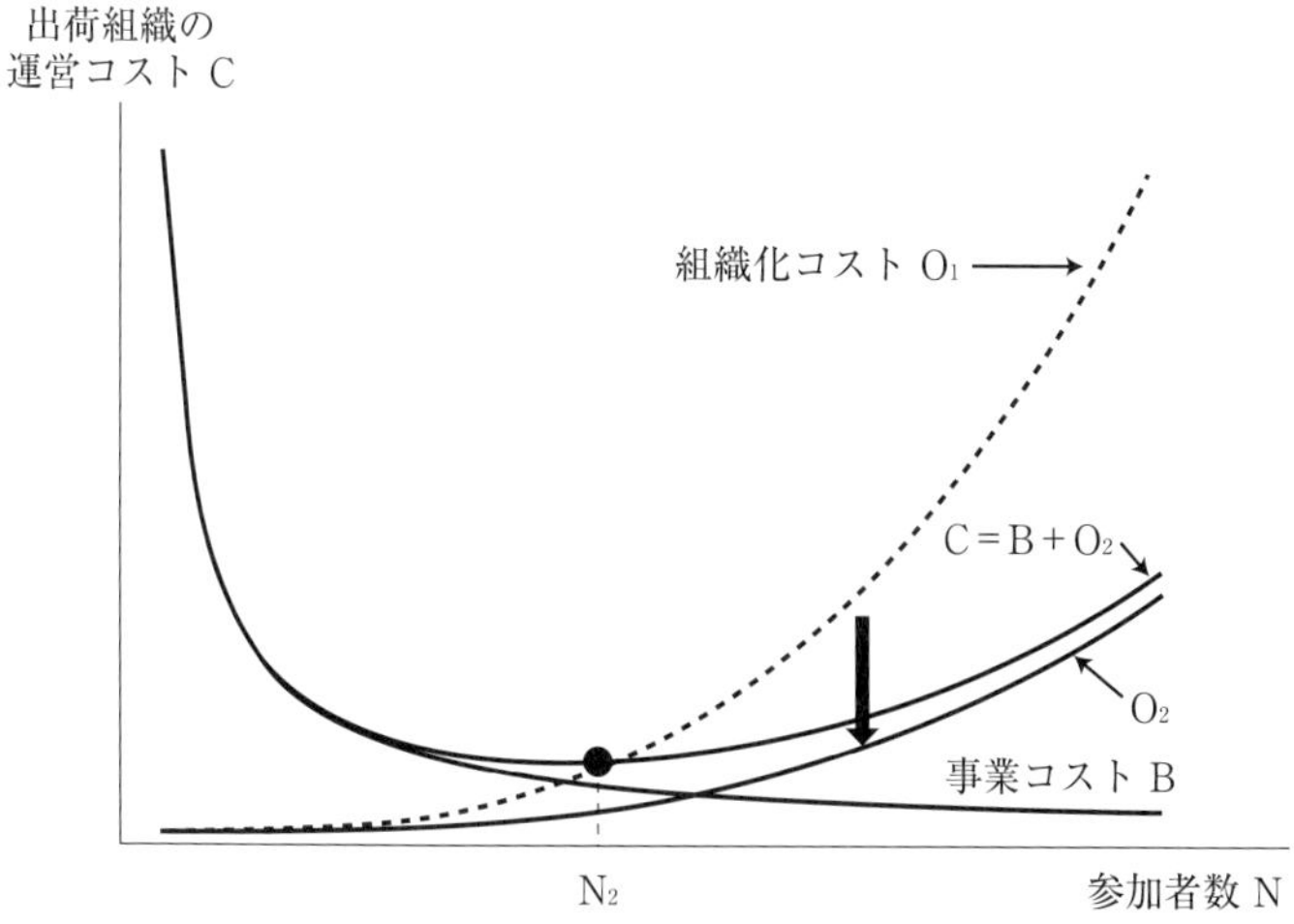

図４－２　出荷組織の運営コスト（組織化コストが低くなったばあい）

意にいたるまでの時間数は増加するからである。時間数が増加するのは、参加者の増大とともに合意すべき課題が広がりかつ深まるようになるが、他方でそれらの諸課題を解決するための手段は乏しくなるからである。フォーマルな話しあいを数多くもち、情報の共有、認識の共有、理念の共有をはからなければならない。こうした事情を考慮に入れると、横軸を参加者数、たて軸を参加者1人当たりの組織化コストとすれば、その組織化コストは右上がりの曲線となるであろう。

どのような規模の共選共販組織が実現できるかは、以上の事業コストと組織化コストの合計によって定まる。すなわち、

協同組織（共選共販組織）の運営コスト＝事業コスト＋組織化コスト

で定まる。ここで、やっかいなことは、事業コストは出荷量ベースで測られ、組織化コストは参加者数ベースで測られており、両者を同一の次元で表現できないことである。

これについては、先行研究にしたがって[5]、参加者数と事業量（出荷量）の関係は平均的な1人当たり事業量（出荷量）を使って相互に変換可能なものと想定することが可能である。また、組織化コストは時間数で表示されており、金額で表示される事業コストと整合的ではないが、これについても時間賃金を使って金額表示へ変換できるものと想定する。

以下では、説明の都合上、横軸を参加者数、たて軸を金額ベースの参加者1人当たりの事業コストと組織化コストで表すことにする。

図４－１において、事業コストＢは右下がりの曲線、組織化コストO_1は右上がりの曲線として描かれている。事業コストＢが右下がりであるということは、参加者数が多ければ多いほど事業コストが低下することをさし、農協にとっても参加者にとっても望ましいことを表している。しかし、同時に、組織化コストO_1は、参加者数が多ければ多いほど合意のための組織化コストは上昇し、参加者数をどこまでも大きくすることはできない。両者の比較考量で適正規模が決定される。

その適正規模を決定するのが協同組織の運営コストＣである。これは事業コストＢと組織化コストO_1をたてに合計したものとして描かれているが、その最低点が協同組織（共選共販組織）の適正規模を定めている。図４－１ではその適正規模はN_1として表され、そのN_1のときの事業コストB_1が、すなわち参加者が支払わなければならない施設利用料と販売手数料である。

仮に組織化コストが、集落構成員の範囲では十分に低いが、参加者がその範囲を超えると禁止的に高まるようなばあい、言い換えれば組織化コストO_1が〝」型〟の形状を示すようなばあいには、事業コストのいかんにかかわらず、その適正規模は集落構成員の範囲までとなる。

こうした事態は、とりわけ園地の状態がよく、高品質ミカンが生産できる条件有利地域の集落で起こっていると考えてよい。その集落出荷組織の参加者数は少なく、事業コストB_1は高いが、そのハンディを乗り越えるような高い販売単価が実現されており、結果として農協の共選共販よりも大きな生産者手取りが実現されていると考えなければならない。じっさい、ＪＡありだ共選協議会に加入する10の集落出荷組織は、小さいものでは数人、大きいものでも１７０人の生産者によって構成されている。

反対に、そうした品質へのこだわりが少なく、生産されるミカンを（農協職員の）食味検査によって区分し、安定した品質と出荷量を確保するとともに、選果場の建設・所有、出荷先の選択や分荷などを農協が担うことで出荷コスト（施設利用料と販売手数料）を低くすることが大切と考える生産者たちは、農協の共選共販組織へ加入することになる。彼らにとって独自の集落出荷組織を維持するよりも農協の共選共販組織に加入するほうが、より大きな生産者手取りを実現できるからである。

（3）カラーグレーダー・光センサー導入のインパクト

こうした状況に大きな変化を与えたのがカラーグレーダーと光センサーの登場である。これらの分析機器は、抽出検査ではなく、全数検査を行なうという意味で、より厳格な品質区分、品質評価ができるようになり、そうした分析機器への信頼、ならびにそのことによる共選共販への信頼の高まりによって、組織化コストを低めることに成功している。その状況を示したのが図4-2である。

そのばあい、組織化コストの曲線はO_1よりも低いO_2に移動する（矢印で示されている）。また、そのO_2と事業コストBを合計した協同組織の運営コストCも以前のものよりも低くなっている。その結果、協同組織の運営コストCの最低点で定まる適正規模もN_1よりも大きいN_2へと移動している。このN$_2$がJAありだにおける1万t超級の大規模選果場の出現を表している。言い換えれば、そのような大規模選果場は集落出荷組織の解散と個人出荷の停止による参加者数の増加によってもたらされたものである。

この参加者数の増加は、しかし、農協選果場におけるカラーグレーダー、光センサーの導入だけによるものではない。集落出荷組織の側にも自らの組織を解散し、共選共販組織に統合されるだけの理由があった。その理由としては、①担い手の高齢化などによって集落出荷組織の役員候補者が減少してきたこと、②選果作業など共選場への労働義務が大きな負担となってきたこと、③施設の老朽化による増改築などの再投資への負担が大きいこと、などが指摘されている。(6)

しかし、その一方で、現存する集落出荷組織のなかには、集落の団結力が強く、生産段階から組織の方針を徹底することによって生き残りをはかっている事例もある。そのような集落出荷組織では、十分に低い組織化コストのもとで伝統ブランドの維持をはかり、それによってより高い販売単価を実現し、生産者手取りの最大化をはかっていると考えられる。

ただし、全国調査の結果によれば、選果場の適正規模は地域・農協によって大きく異なる。四国地方の農協では、温州ミカンの出荷量で５万３０００ｔあるいは７万ｔという光センサー装備の超大型選果場を設置している事例もあり、ＪＡありだとは比較にならない大きさを実現している。(7)こうした農協にあっては、首都圏までの遠距離輸送というハンディキャップを乗り越えるため、農協への結集力を高めることによって出荷コスト（施設利用料と販売手数料）を低く抑え、出荷量を大きくする必要があったのである。

3　光センサー活用上の課題

光センサーのミカン産地への導入は、表皮が厚く光が透過しにくいことからほかの果実よりも遅れて1996年頃から始まった。しかし、その後の普及は急速で、現在では主だった選果場での装備はほぼ終わったとされる。

ミカン選果場が光センサーを導入する目的は、①ダンボール箱内、ダンボール箱間の味のばらつきの縮小、②全数検査による消費者への最低糖度の保証、③味重視の選果工程における省力・省コスト化、④全数検査の客観評価にもとづく生産者への精算、⑤消費者ニーズに対応した販売戦略の立案と実行、⑥選果データの生産へのフィードバック、などにある(8)。

このうち、①〜④は光センサーによる選果情報を流通過程に提供し活用するものであり、これらについてはすでに目的を達成している。しかし、⑤と⑥は選果情報を生産過程に提供し活用するものであり、これらについては今後の課題とされている。とくに⑥については、選果場での荷受時に入力された生産者の園地番号によって入荷ロット単位の選果データを取得することが可能であり、その園地帰属データを栽培技術と経営にフィードバックすることによって産地全体のレベルアップをはかることが求められている。

しかし、園地数が膨大であること、生産者情報と組みあわせて毎年更新される必要があることから、その構築と活用は十分ではなく、従来の生産指導を大きく超えるような効果を発揮していないと報告されている(9)。園地別データベースの構築には多大なコストと労力が必要なため、構築できる産地はかぎられており、園地別データベースのよりよい活用方法の開発が今後の課題とされる。

また、光センサーは生産されたミカンの糖酸評価を行なうものであり、生産されるミカンそのものの品質を向上させるものではない。ミカンの糖度は気象条件等によって年ごとに変動するため、絶対的な糖度基準を守れない年もあり、また売り先によって糖度基準を調整するばあいもあって、消費者に提示できるような、透明性のある糖度基準調整の運用規範をつくることが必要である。そのばあい、足切りされる低品位ミカンの安定した利用方法の開発が今後の課題とされている。

なお、本章で提示した組織化コストを使った「協同組織の運営コスト」の分析は、選果場の適正規模ばかりではなく、協同組合に固有の組織問題、たとえば農協や組合員組織の適正規模問題にも適用することが可能である。そのばあいの組織化コストの大小を決めるものは人と人とのつながりの強さである。その強さをパットナムはソーシャルキャピタル（社会関係資本）と呼び、それが良好に機能しているところでは、自立的にして自発的な協同活動が数多く展開されていることを実証している(10)。

注

（1）ここでは便宜的に、組織化コストを時間コストで代理できると仮定している。他人への配慮や忍耐といった精神的要素を時間コストで代理することはむずかしいが、操作的概念におきかえるためのひとつの工夫として理解されたい。

（2）ＡＱとはArida Quality（有田の品質）の略称で、「Ａ級」とかけあわせて、有田ミカンの高品質を誇示するためのネーミングとしている。ＡＱ中央選果場のページを参照のこと（http://www.ja-arida.or.jp/aq/aqtop.htm）。

（3）細野賢治『ミカン産地の形成と展開―有田ミカンの伝統と革新―』農林統計出版、２００９年、97～１０１ページ。

（4）細野賢治「前掲書」第3章を参照のこと。

（5）藤谷築次「協同組合の適正規模と連合組織の役割」（桑原正信監修、農業開発研究センター編『農協運動の理論的基礎』家の光協会、１９７４年）３２６～３３５ページ。ただし、藤谷氏の研究は、われわれが使っているコストアプローチではなく、組織力アプローチを採用している。言い換えれば、事業コストを組合員の組織力（協同活動）で節減する過程を描いている。

（6）このパラグラフとつぎのパラグラフは細野賢治「前掲書」94～95ページの指摘による。

（7）徳田博美「ミカン産地における光センサー導入および利用の実態と課題」『農林業問題研究』第40巻第1号、２００８年6月。

（8）宮本久美「光センサー選果データのＧＩＳによる生産への活用と研究開発の展望」『園芸学研究』第3巻第3号、２００４年9月。

（9）このパラグラフとつぎのパラグラフは徳田博美「前掲論文」の指摘による。

（10）ロバート・Ｄ・パットナム『哲学する民主主義―伝統と改革の市民的構造』（河田潤一訳、ＮＴＴ出版、２００１年）。

第5章　農協と労協の連携で地域農業を活性化するには
――食・農・環境による仕事おこしの事例

1　農協と労協の連携

担い手の減少と高齢化がすすむなか、新規就農者の育成・支援が農協の課題となっている。新規就農者といっても、出身が地域内か地域外か、地域内であっても農家の子弟か新規参入者か、年齢も定年退職者か中途退職者か、新規学卒者か、など属性はさまざまであり、それによって支援の内容も異なってくるし、就農後の定着率も異なってくる。また、この取組みは農協単独でできるものではなく、研修先の農家や農業法人、県・市町村、農業委員会などとの連携プレーを必要とするため、必要性は理解していても、農協自らが主導的に取り組むという事例はかならずしも多くはない。

ＪＡ全中の２０１１（平成23）年度全ＪＡ調査によると、農協の新規就農支援対策の取組み状況は、「新規就農者が地域農業戦略において、担い手として明確に位置づけられている」農協は59％、「新規就農者受けいれのための研修制度がある」農協は25％、「新規就農者への技術研修、経営管理研修、資金対応等のフォローアップを行っている」農協は63％で、全体の3分の1くらいの農協が新規就農支援対策に未着手の状況であると報告されている。(1)

一方、わが国の雇用情勢をみると、非正規雇用の増大、ニート（学校にも仕事にも訓練にも参加していない人）やひきこもりの拡大、さらにはこうしたことを背景に、学校を卒業できなかったり、卒業しても就職できなかったり、就職しても3年以内に退職する若者たちが、高卒で68％、大卒・専門学校卒で52％にのぼるという、恐ろしい分析結果も報告されている。(2)

欧米諸国とは異なり、終身雇用制の発達したわが国では、「人は仕事によって磨かれる」あるいは「人は仕事によって一人前になる」というプロセスがあって、それが豊かな経済社会を形成してきた基本的な要因であるが、そのプロセスが断ち切られる、あるいはそのプロセスそのものに入れないような若者たちが急増しているのである。このような人間形成上ゆゆしき事態が発生するなかで、自分が自分を雇うという農の価値、自然や生きものとかかわれるという農の価値、さらには人間にとって必要不可欠な食料を生産するという農の価値が注目されるようになり、就農を希望する人びとが増えている。

社会的経済の考え方にしたがえば、雇用創出＝仕事おこしは「幸せづくり」の第一の要件である。政府では手が届かないところ、市場では手をつけないところを見つけて、仕事化する、これが社会的経済に課せられた第一の使命とするならば、そこに最も接近しているのは労働者協同組合である。

ひとくちに労働者協同組合といってもさまざまな組織があるが、ここで取り上げるのは日本労働者協同組合（ワーカーズコープ）連合会である。そこでは、これまで介護・福祉、総合建物管理、保育・学童、公共施設運営、環境緑化などが取り組まれてきたが、これらに加えて、新たに食・農関連の仕事おこしが始まった。そこへいたる経緯をみると、高齢者の配食事業を中心とした食事業が、農や環境をめぐる地域のネットワークへとつながり、ついでそのネットワークが「食・農・環境」や「集落の再生」「６次産業化による仕事おこし」などをテーマとする職業訓練講座の開設へとすすみ、さらにはその講座をベースとする「食と農と環境による仕事おこし」へと発展してきたと要約できるであろう(3)。

食・農関連の仕事おこしは全国でおよそ30の事業所で展開されているが、そのなかには、転作ダイズを使った「とうふ工房」の設置（新潟市、埼玉県深谷市、兵庫県伊丹市など）、生協からの廃食油回収と廃食油のバイオディーゼル燃料（ＢＤＦ）化ならびにＢＤＦの生協利用（宮城県大崎市）、耕作放棄地を使った米、ダイズ、ナタネの生産とナタネ油の生産（兵庫県豊岡市）、米、ダイズ、ソバ、野菜の生産とパン、ケーキ、ウインナー、生キャラメルなどの製造販売（兵庫県養父市）、指定管理者となっている温泉施設内での農産物直売所やレストランの経営（栃木県矢板市）、有機農業を行なう農事組合法人の設立・運営（熊本県美里町）などが含まれている。

ワーカーズコープ連合会では、２０１０（平成22）年度の方針で「日本の社会構造、経済・産業構造の根本的転換を図ることと結合して、第一次産業を復興、高度化し、そこを完全就労社会に向けての本格的な就労の場にする」ことを打ちだした。(4) 本章では、そうした方針を受けて行なわれている全国各地の事例のなかでも、農協と密接な関係をもって展開されている有機農業を行なう農事組合法人「美里ゆうき協同農園」(熊本県美里町)を紹介することにしたい。とくに注目すべき点は、地域外の新規参入者が地域社会に溶け込むにあたって、新規参入者自身の態度や心構えもさることながら、地域社会に責任をもつ農協の果たすべき役割がきわめて大きいことである。

2 美里ゆうき協同農場の設立と運営

(1) JA農業インターン事業の展開

JA熊本中央会では、新規就農者への支援、担い手の養成・確保をはかるための事業を2003(平成15)年度に開始した。最初の2年間は、厚生労働省緊急地域雇用創出特別基金を使って、熊本県が事業主体、JA中央会が実施主体となって、25人の失業者(50歳以下)を毎月15万円で中央会職員として採用し、農家や農業法人に派遣し、農作業の実習を行ない、新規就農、農業法人の人材育成、生産組織のオペレーター育成など、地域農業の多様な担い手の育成確保をはかることとした。

ただし、この事業は県から丸投げされたもので主体的な取組みとはいえなかった。JAグループとして新規就農者の育成・支援が大切と考え、ＪＡ中央会が事業主体となって本格的な事業を開始したのは２００５（平成17）年度の「熊本県ＪＡ農業インターン事業」からである。国50％、県・市町村25％、ＪＡグループ25％の補助事業（就農・就業サポート事業）で、定員は15名（18〜55歳）である。このＪＡ農業インターン事業の担当者（コーディネーター）が、これ以降の展開に重要な役割を果たす前ＪＡ中央会職員の内田敬介氏である。(5)

この事業の特徴は、「農業実習」と「ＪＡ就農支援セミナー」（座学）を組みあわせて実施したことである。農業研修生は、受入れ農家・農業法人のもとで1年間の農業実習を行なうが、その期間中に合計9回のＪＡ就農支援セミナーがＪＡ中央会・連合会営農生活センターで開かれ、そこで農業技術・経営管理、農業・農協・農村の基礎知識、先輩の新規就農者の実践などを学ぶとともに、研修生のあいだで情報交換を行ない、仲間意識をはぐくむような配慮がなされた。当初は農協を否定的にとらえる研修生も多かったようであるが、協同や相互扶助の考え方を学ぶうちに、徐々に軌道修正がはかられるようになったとされる。

この種の事業で重要なことは、研修生と受入れ農家・農業法人のミスマッチが避けられないこと、そしてそのことが研修辞退の大きな理由になっていることである。こうした事態の発生を避けるには、研修前の体験研修や受入れ農家・農業法人との話しあいを十分に行なって相互理解を深めておくこと、受入れ農家・農業法人の選定にあたっては、受入れ側に人を育てるという教育的観点が備わっているかどうか、また、研修から就農へかけて、あるいは就農後においても研修生を世話できる人（法人）かどうかをコーディネーターがみきわめることが重要とされる。

このJA農業インターン事業では、本事業の研修生に毎月5万円が受入れ農家・農業法人を通じて支払われたが、研修生に手渡さないという事例も発生したため、3年目からは研修生に直接手渡すように改められた。この直接支給は、研修生と受入れ農家・農業法人の関係を円滑にするための一つの工夫とみなすべきであろう。また、借家住まいの人を援助するために住宅手当てとして毎月2万円を支払うことにしたという。

本事業は2008（平成20）年度までの4年間の事業であったが、真剣な研修生が多かったようである。これに対し、2009（平成21）年度から始まった緊急雇用創出事業（ふるさと雇用再生特別基金）は、定員枠の拡大（50名）や支給額の増大（月額12万円）もあって、国内はもちろん、アメリカ、韓国からも定員枠を超える応募者が押し寄せたほか、ゲームソフト開発担当者などの転職希望者もいたことから、就農意欲をより深くさぐる必要が生じ、JA中央会での面接のほかに、受入れ予定農家・農業法人でも面接を行ない、応募者を選抜するようにしたといわれる。

この事業のばあい、研修生の雇用形態は「JA中央会の臨時職員」として採用し、農家・農業法人へ出向させるというかたちをとっている。また、就農定着支援という観点から当事者組織として「くまもと新規就農者ネットワーク」を立ち上げ、自発的な学習会、交流会を開くようにしたほか、売り方を学ぶという観点から市内のど真ん中（ビブレス広場）で「新規就農者農産物フェア」を開催し、お客さんの要望を聞く、お客さんにつくり方を教える、試食させる、ポップ広告をだすなどの販売体験をさせている。研修生からは、早く売り切れたのはなぜかを学んだとか、売れ残りが出て、それをみんなで売った体験が印象的だったと総括されている。

さらにまた、ＪＡ直売所の一つである経済連１００％出資の「you＋youくまもと農産物市場」が２００９（平成21）年10月にオープンしたことから、そこに「有機農産物・新規就農者コーナー」を設置し、県内各地の有機農業者や、新規就農者のうちで有機農業転換中の生産者たちがつくったものを自らが売れるような配慮も行なった。

新規就農者の定着率は、おおむねＩターンが５割、Ｕターンが10割である。この違いは、Ｕターン者には家、農地、機械があることと、「よう帰ってきたな」という地域の受入れ感情があるためだと説明されている。

内田氏によれば、コーディネーターの役割は、研修生と農家・農業法人の接着剤、研修生と農協の接着剤になることだという。コーディネーターがどちらの立場に立つかによって、結果は大きく異なってくる。あくまでも研修生が主役であって、彼らをどう支援するかをたえず考えながら仕事をしなければならない。リストラされた人たちは不安を抱えているのがふつうで、何気ないひとつの言葉でも傷つく可能性をもっている。人間尊重の立場に立って、物事をすすめていくことが何よりも重要としている。

内田氏自身は現在64歳であるが、57歳でＪＡ中央会を退職、60歳で当事者運動の研究により熊本大学から博士（文学）の学位を取得している。同和や差別部落の研究を通じて、弱い者の立場に立って物事を考えることの重要性を学んだ。新規就農者も当事者であって、学位論文の研究で学んだことをじっさいの現場で生かすことができたとしている。

(2) 労協の参加

じつは内田氏にはもうひとつの顔があって、それはNPO法人・熊本県有機農業研究会の理事長という立場である。熊本市から自動車で約30分の距離にある美里町に自らの農場をもち、熊本大学での学業、新規就農者支援事業でのコーディネーターのかたわら、小さいながらも有機農業を実践してきた。このことが、のちに農協と労協の連携による農事組合法人・美里ゆうき協同農園の設立へとつながっていく。その経緯はつぎのようである。

２００９(平成21)年1月、ワーカーズコープ九州事業本部の提案により「協同組合運動セミナー」を開くこととなった。そのセミナーの労協側の担当者がワーカーズコープ九州熊本エリアマネージャーの小林啓示氏である。小林氏によって示されたその開催趣旨は、熊本には「ふくし生協くまもと」があるが、それに加えて、食と農と環境をテーマとしたワーカーズコープの拠点をつくりたい、ついては協同組合関係者を集めて学習会を開きたいというものであった。パネルディスカッションには、JAグループ熊本女性部(加工)代表、JA熊本うきの営農担当者、グリーンコープ生協くまもと、ろうきん、有機農業関係者などが登壇し、「協同労働による地域おこし」のテーマで、賀川豊彦やロッチデールを素材になぜ協同が必要かを論じあったとされる。

このセミナー開催ののち、その年の春から小林氏自身がＪＡ農業インターン事業にオブザーバーとして参加し、熊本市の浅野農園で農業研修を開始した。また、その研修を続けるかたわら、翌２０１０（平成22）年７月から１年間にわたって職業訓練基金を使った基金訓練（有機農業プラス介護で研修生を募集し訓練する事業）をワーカーズコープの主催、熊本県有機農業研究会、ふくし生協くまもとの共催で行なうこととなった。つめていえば、小林氏と内田氏が連携して、ＪＡ農業インターン事業とは別の新規就農者支援事業を立ち上げたのである。

この基金訓練は、雇用保険を受給できない離職者（受給終了者を含む）に対して無料の職業訓練をほどこすというもので、訓練生を将来的に有機農業者に育てるという使命をもっている。介護の研修が１か月間、有機農業の研修が11か月間行なわれ、介護は小林氏が担当し、有機農業は内田氏が担当した。内田氏は座学と実習のカリキュラムをつくり、研修先の有機農業者も確保した。募集はハローワークで行ない、８名の参加者を得た。そのなかには、本県のＪＡ農業インターン事業の研修を終え、この訓練にスライドしてきた人も含まれている。

計画では、このうちの何人かで有機の協同農園をつくり、労協を立ち上げようとしていた。そのための話しあいを訓練当初から続けてきたが、結果的にはこの８名のなかからは協同農園への参加者は得られなかった。その理由は、①有機農業の栽培技術が未習熟であったこと、②それぞれの生活がかかっていて、生活を支えるほどの収益（賃金）が期待できないこと、③協同農園の形態ではそれぞれの個性や考え方が生かせないこと、④住宅や農地、水利の確保などにあたって、Ｉターン者につきまとう地域社会とのつながりの乏しさ、などにあったとされる。

この④について若干のコメントをすれば、地域社会とのつながりが問題となったのは、訓練生が話しあいをすすめるなかで、協同農園とはいっても全面共同（共同経営）はむずかしい、必要に応じた共同が望ましく、個別（個性）が生きるような共同、たとえば農地・機械の共同利用や共同作業、共同育苗、共同販売などを行なうのが妥当だという結論になったからである。こうした議論が熱っぽく展開されたものの、結局は訓練生による協同は実らなかった。8名の訓練後の状況は、

A：有機農業独立就農
B：有機農業経営者との結婚＋アルバイト
C：有機農業独立就農
D：アルバイト＋有機稲作（10a）
E：有機農業＋アルバイト
F：有機農業独立就農
G：福祉関係就職
H：福祉関係就職

とされる。しかし、農事組合法人「美里ゆうき協同農園」は2011（平成23）年10月1日に設立された。そのメンバーはつぎの5人である。

内田敬介（代表理事）熊本県有機農業研究会理事長

坂田政治（理事）坂田農園
坂田亜希子
坂口民雄
小林啓示（理事）ワーカーズコープ九州熊本エリアマネージャー

ここで、坂田政治（45歳）・亜希子（39歳）夫妻はこの協同農園のなかでは独自に坂田農園を運営し、有機農産物（転換中）の生産・販売を行なっている。と同時に、内田氏と小林氏がつくる有機農産物の一部も販売している。農事組合法人の1号法人は共同利用、2号法人は農業経営を行なう法人であるが、この協同農園では2号法人を採用したため、その両方ができることになっている。また、坂口民雄氏（64歳）は内田氏の中学校の同級生で、設立時の区長であり、かつこの協同農園に25aの農地を貸しているほかトラクター作業も引き受けている。これに対し、ワーカーズコープの小林氏は、この協同農園の総務（事務）と農作業のほかに、ふくし生協くまもとの仕事もこなしており、かけもちを余儀なくされている。現在は農作業の負担が多くなっているが、将来的にはこれを減らす方向にもっていかなければならないとしている。

設立総会では、発起人代表の内田氏が「緑豊かな自然、きれいな水、農村文化を生かして健康や環境に配慮した有機農業を協同で行い、農村の課題と新規就農者の課題を協同の理念と実践で結びつける仕組みをつくりたい」とあいさつした(6)。内田氏の考えでは、近代は〝いのち〟を粗末にしすぎた。合理性の追求に偏りすぎた。食べもの、健康、人権を守ることが大切で、こうした想いを込めて、この農園の使命は「土といのちとくらしを協同で守る」としたいと述べている。

この設立総会には、来賓として美里町経済課長、熊本県宇城地域振興局農業普及・振興課長、JA熊本うき下東支所長が招かれ、あいさつを行なっている。JA熊本うきは園田俊宏会長（JA熊本中央会会長、家の光協会会長）をはじめ、支所レベルでも有機農業に理解があって、新規就農者への農地や住宅のあっせんについても積極的に応じてきたという経緯がある。また、JA直売所「サンサンうきっ子宇城彩館」（宇城市）では、有機農業コーナーも設置してもらっている。

筆者がこの協同農園を訪れたのは設立2か月後の２０１１（平成23）年12月である。生産実績したがって販売実績がともなっていないという段階ではあったが、すでにショウガ、カボチャを町内の民営直売所、宇城市のJA直売所、熊本市の経済連直売所などへ出荷していた。また、将来的には、熊本市のイタリア料理店への食材提供や、ワーカーズコープによる仲間づくりの取組みを通して「野菜セット」の販売を広げたいとの意向をもっていた。前者はイタリア料理店のシェフからの提案を受けたものであり、後者はワーカーズコープ内では有機野菜の評価が高く、「自分で食べる有機」「仲間に分ける有機」の運動が広がっていることによる。

法人格の協同農園を設立したことから、地域での信頼が増し、農地の借入れが容易になったほか、新たな参加希望者も出てくるようになっている。一人はJA農業インターン事業の研修生、もう一人は美里町内の女性で、２０１２（平成24）年からの参加を希望している。

（3）坂田農園の成長

現在の美里町は中央町と砥用町《ともちまち》が合併して設置された自治体であるが、坂田政治氏はその砥用町の出身である。父親は土木業を営んでいたが、公共事業の縮小にともない仕事が激減したため、事業の継続をあきらめ、２０１０（平成22）年9月に就農した。それからおよそ1年半が経過したが、２０１１（平成23）年4月から12月までの9か月間、熊本県立農業大学校で野菜栽培を学んでいる。

栽培品目は多様で、トマト、ナス、ピーマン、キャベツ、ブロッコリー、ハクサイ、カリフラワー、サニーレタス、ダイコン、ニンジン、カブ、ホウレンソウ、コマツナ、ショウガ、ジャガイモ、サトイモなどに及んでいる。典型的な多品目少量生産である。

有機農業を始めてからわずか1年半であるが、すでに熊本市内を中心におよそ１００軒のお客様を開拓し、朝どり野菜を毎週火曜日と土曜日の午後に宅配している。注文は携帯電話（携帯メールも可能）で受け付け、クーラーボックスに入れて配達するため、留守宅でも配達可能である。この仕事は亜希子さんの仕事である。彼女はお客様との会話が抜群で、相手の気持ちを受けとめ、相手の心を動かす力をもっている。そこから生まれるお客様との信頼関係が、絶え間のない野菜の注文となって現れている。すでに注文に生産が追いつかない状態になっているが、そのことが協同農園に参加した一つの理由をなしているように思われる。言い換えれば、近い将来、協同農園の販売を坂田農園が一手に引き受ける可能性が高いのである。

お客様の家庭では、子どもたちから「坂田のおやさいやさん」「坂田のおばちゃんのやさい」と呼ばれる関係ができあがっている。この関係は、野菜宅配時の会話ばかりではなく、行事（お客様との交流）を重視していることからも生まれている。たとえば、タマネギの定植時には親子を招待し、植え付け体験をしてもらうほか、お煮しめや団子汁のお昼ごはんを提供したり、ほ場・堆肥場の見学はこれを随時受け付けたりしている。このほか、年末には餅つき大会の開催も予定しているという。

お客様の満足は、商品を通してではなく、人と人とのコミュニケーション（交通）のなかから生まれる。コミュニケーションを通してつくられた人と人との関係が成立しているところでは、商品の価値を超えたおカネのやりとりが可能になるという性質をもっている。内山節氏はこのことを「半商品」と呼んだが、坂田農園とそのお客様のあいだでは、まさにこの半商品の関係性が成立しているといってよいだろう。(7)

3　新規就農支援に対するＪＡの課題

今般の農水省「人・農地プラン」では、青年就農給付金（準備型）として、就農予定時の年齢が原則45歳未満の者が、道府県農業大学校や先進農家・農業法人などで研修を受けるばあい、最長2年間、年間１５０万円が給付される。また、研修後の就農については、青年就農給付金（経営開始型）として、農業を始めてから経営が安定するまでの最長5年間、年間１５０万円が支給される。これらはフランスの就農支援の仕組みを参考にして組み立てられたとされる。

こうした制度を利用して新規就農者の支援・育成に道筋をつけることは、農協にとってもきわめて重要である。最初に述べたように、必要性は理解していても、自らが主導的な役割を果たすことが少なかったことを省みるならば、市町村や農業委員会と一体となって取り組むことが喫緊の課題であろう。

就農支援にあたって、それぞれの機関が果たすべき役割は異なっている。住宅は市町村、農地は農業委員会と農協、施設・機械は農協、技術は先進的農家・農業法人ならびに農協（営農指導）、県（農業普及）、販売は農協、という分担関係が想定できるが、とりわけ農協の果たすべき役割が大きいことが特徴である。と同時に、農協が動かないと事態は何もすすまないという現実もある。

たとえば、熊本県の例を引くならば、ＪＡ中央会が事業主体となっていたことから、中央会と地域の農協とのあいだで研修先の評価が分かれるような事態が発生したという。中央会に「なぜあの人（法人）を選ぶのか」という疑問の声が寄せられたこともあった。研修先の選定にあたっては、受入れ側の意向に沿わなければならないという現実があるが、そうしたなかにあっても「教育的な観点から研修生を受け入れられるかどうか」という点を重要なメルクマールとして研修先を選ぶことが必要とされる。

その意味では、ひとくちに農協といっても、状況をよく把握している生産者部会とか、支所の意向を大切にすることが重要である。ＪＡ熊本うき管内では、これまで13人の研修生を受け入れてきたが、そのうちの12人を就農に導いたというすぐれた実績を残している。これは、受入れ農家が就農までしっかり世話をしたこと、農協が機械やハウスの導入にあたって適切な指導をしたこと、農協が技術指導を徹底して行ない、共販体制のなかに組み込んだこと、などによるものとされる。また、有機農業については女性の希望が多いので、彼女らのケアを女性部がみることも重要とされる。

一方、地域社会（集落）との関係をどうつけるかも重要である。農家、集落はどうしても受け身の立場に立つことが多く、新規就農者に対して警戒心をもつことが避けられない。そうした雰囲気が流れるなかで、新規就農者が集落から信頼されるためには、耕作放棄地をすすんで引き受けるとか、気軽に話しかけるとか、研修先の農家や農協支所長からアドバイスをもらうことなどが大切である。警戒心をもつ反面、集落にはかならず面倒見のよい人がいるから、そういう人との関係をつくることも大切である。必要であれば機械も貸してくれるようになる。とくに若い人は歓迎される。地域に溶け込むことが、新規就農者が成功する第一の要件である。

注

（1）加来卓士「地域農業の維持・発展をめざした新規就農支援対策への取り組み」『月刊ＪＡ』第57巻第12号、２０１１年12月。

（2）内閣府経済財政運営担当、雇用戦略対話（第７回）「若者雇用を取り巻く現状と課題」（http://www.kantei.go.jp/jp/singi/koyoutaiwa/dai7/siryou1.pdf）を参照のこと。

（３）日本労働者協同組合（ワーカーズコープ）連合会「協同労働の協同組合２０１２ 新しい協同の時代へ」を参照のこと。
（４）島田圭一郎「全国で『ＦＥＣ自給づくり』に挑戦し、労協の真価示す飛躍的な取組みを」『協同の發見』第２２９号、２０１１年８月。
（５）詳しくは内田敬介「新規就農者支援の課題とＪＡの役割―熊本県ＪＡ農業インターン事業を中心に」『月刊ＪＡ』第57巻第12号、２０１１年12月を参照のこと。
（６）「日本労協新聞」第９３０号、２０１１年10月15日号による。
（７）「半商品」の思想は、内山節氏によって具体的に語られているが、もともとは渡植彦太郎氏がつくった概念とされる。内山氏は、ここでいうコミュニケーションを「交通」と表現していることから、正確を期すために「コミュニケーション（交通）」と記述した。詳しくは、内山節『農の営みから』農山漁村文化協会、２００６年、第4章を参照のこと。

第Ⅱ部

地域くらしをつくる

第6章　信用・共済事業分離論を排するには

1　信用・共済事業分離論の問題点

農協固有の価値は、営農とくらしの両事業を柱に組合員と地域みんなの幸せづくりをめざすことにあるが、その経営基盤をなすのは信用・共済事業である。この重要な経営基盤を〝上〟から政治的に突き崩そうとするのが信用・共済事業分離論である。営農はもとより、地域・くらしをつくるうえでも欠かすことのできない両事業の分離論を、農協が受け入れられないのは当然であるが、受け入れなければならないほど根拠のある議論でもないというのが筆者の見解である。本章ではそのことを示したいと思う。

農協法第10条は農協が行なうことのできる事業を列挙している。また、第95条の2第1項および第

101条1項1号は、以上の規定にもとづいて行なうことのできる事業以外の事業を行なったばあいの組合および組合の役員に対する制裁を定めている。これらから、組合が行なうことができる事業は農協法に列挙された事業にかぎられると解釈されている。これを制限列挙主義という。

その制限列挙された事業のなかに信用、共済の事業が含まれている。すなわち、農協が経済、信用、共済の事業を1つの組合で行なうことができるのは、農協法の定めによるところなのである。この農協法がけしからん、銀行・保険会社にはこんなゆるい法律はない、イコールフッティングの観点から撤廃せよ、というのが、財界や一般の金融機関、さらには在日米国商工会議所（ACCJ）などの要求にしたがった反農協論者の唯一の論点なのである。

産業組合法で信用・購買・販売・利用の4種兼営が認められてから100年以上、また農協法で組合の総合経営が認められてから60年以上を経過するが、現状において、制度として形骸化しているわけではけっしてない。むしろ、総合経営であるからこそ、農業者の営農とくらしが守られてきたといっても言いすぎではない。この制度のお手本となったドイツのライファイゼンバンク（農村信用組合）も今なお健在である。

誰がみても「明らかに不合理な規制」だとは認められないこの総合経営の制度を、今なぜ撤廃しなければならないのか、その点が理解できない。しかも、その撤廃によって不利益をこうむる可能性のある農業者や農協職員ならびにその家族、さらには地域社会が数多く存在することを考えると、信用・共済事業分離を提唱する人びとの思慮の浅さを思わずにはいられない。

この問題が内閣府で議論されるようになってから10年以上経つが、政権がどちらのほうを向いているのかはっきりしない。はっきりしないが、巨大な金融機関としての農協をけん制するための一つの手段として、今後も使われ続けることはほぼまちがいない。現状を整理すると、およそつぎのようである。

2012(平成24)年7月現在、議論が行なわれているのは内閣府の行政刷新会議のもとに設置された「規制・制度改革に関する分科会」とその下の「農業ワーキンググループ(以下農業WGと略す)」である。現在は第3期(クール)に入っているが、2010(平成22)年3月~6月の第1期において「規制・制度改革に係る対処方針」として閣議決定されたのはつぎの5項目である。

①農業協同組合等に対する独占禁止法の適用除外の見直し
②農協に対する金融庁検査・公認会計士監査の実施
③農地を所有している非農家の組合員資格保有という農協法の理念に違反している状況の解消
④新規農協設立の弾力化(地区重複農協設立等に係る「農協中央会協議」条項の削除)
⑤農業協同組合・土地改良区・農業共済組合の役員への国会議員等の就任禁止

このうち、じっさいに導入されたのは金融庁検査であるが、2011(平成23)年度には全国20農協で実施されている。この金融庁検査は上記の「対処方針」にもとづいて実施されたが、これを関係の行政庁が同意できたのは、この検査が農協法上の規定はあっても、これまで実施されてこなかった「要請検査」を実施に移すだけのことだったからである。いってみれば、規制改革でもなければ制度改革でもない、現存の法律にもとづく行政業務だったからである。

つぎに、2010（平成22）年10月～2011（平成23）年3月の第2期において閣議決定されたのは「農協の農業関係事業部門の自立等による農業経営支援機能の強化」である。この難解な見出しのなかには「信用・共済事業分離」という表現はないが、その意図はまちがいなく入っていて、見出しのなかにそのような表現が入らなかったのにはそれなりの理由がある。ここでは詳述を避けるが、政治の腰がひけたことがその大きな要因である。[1]

ただし、この閣議決定をふまえ、2012（平成24）年4月1日にそれまでの「農業協同組合、農業協同組合連合会、農業協同組合中央会及び農事組合法人の指導監督等（信用事業及び共済事業のみに係るものを除く。）に当たっての留意事項について」、いわゆる「事務ガイドライン」が廃され、代わりに「農業協同組合、農業協同組合連合会、農業協同組合中央会及び農事組合法人向けの総合的な監督指針（信用事業及び共済事業のみに係るものを除く。）」、いわゆる「総合的な監督指針」が適用されるようになったということが重要である。そこでは、監督指針に沿わないような行為に対して、早期の是正措置や罰則を科す姿勢が明確に打ちだされている。

たとえば、Ⅱ－1－1の「経営目的の妥当性」の主な着眼点の項では、「事業計画の策定に当たっては、信用事業、共済事業等の利益で他の事業の赤字を常態的に補填している場合には、その事業について赤字原因等を明らかにした上で、組合全体の事業方針に基づくコストとされている金額を除き、当該赤字額を事業の効率的運用等により段階的に縮減するものとなっているか。この場合、事業別、支所・支店別、主要施設別等組合の損益管理単位で赤字原因を把握し、改善に取り組むことが望ましい」と述べ、赤字事業への常態的な補填に対して厳しく対処する方針を示している。

このほか、「総合的な監督指針」で強調されているのはつぎの3点である。

①農業経営支援機能の強化
②経営管理委員会制度の導入促進
③実務に精通した者の役員登用

一方で「農業経営支援機能の強化」をうたいながら、他方で「赤字事業(営農事業)への常態的な補填の除去」や、組合員ガバナンスを弱める方向に作用する「経営管理委員会制度の導入促進」ならびに「実務に精通した者の役員登用」を要求するというのは矛盾に満ちている。現場感覚のない指針としか言いようがないが、もともと第2期で閣議決定された「農協の農業関係事業部門の自立等による農業経営支援機能の強化」には、そのような無理難題を組合に押しつける要素があったことを見逃してはならない。農協に無理難題をふっかけてどうしようとしているのか、農業WGのメンバーはもちろんのこと、民主党政権の真意がよくわからない。

現在は、2012(平成24)年6月に予定されている第3期の最終報告、閣議決定を待っている状況にあるが、弱体化した民主党政権にどこまでのことができるのか、TPPの動向もふまえて注目していかなければならない。

2　総合農協にとって本当の問題は何か

(1) 的はずれの内部補助否定論

信用事業、共済事業などの利益でほかの事業の赤字を常態的に補填する行為を、われわれは通常「内部補助」と呼んでいる。以下では内部補填とは呼ばずに、内部補助という言葉を使うことにする。

第3章で述べたように、税制の世界では「グループ法人税制」が導入され、親会社からグループ会社（完全子会社）への資金提供を通して、親会社とグループ会社の一体的運営を容易にするような措置が講じられた。こうした、どこにでもあるような内部的な資金提供の行為を、総合農協にかぎって認めようとしないのが、農業WGのメンバーたちが声高に叫ぶ内部補助否定論なのである。

内部補助否定論は、小泉内閣がつくった「総合規制改革会議」（2001～2003年）当時から言われていることであるが、要するにこれは反農協論者による「農協解体論」の一部を形成するものにすぎず、政府セクターや民間営利セクターとは異なる組織原理をもつ協同組合を育成しようとする「協同組合の視点」に立つものではない。なぜ内部補助が悪いのか、その点の説得力が乏しい。協同組合の視点に立てば、加入・脱退の自由が保障され、情報の透明性が担保されているかぎり、内部補助は否定されるべきものではない。協同組合からすれば、これほど的はずれの議論はない。

内部補助によって得られるべき利益が損なわれていると考える人がいるならば、その人は貯金をしなければいい、借入れをしなければいい、さらには組合に加入しなければいい、それだけの話である。サービスが悪い、といってやめていけばすむ話である。じっさい、そういう行動をとる人は少なからずいる。

じつは、内部補助否定論は「金融の視点」からみても的はずれの議論である。このばあいの本当の問題とは、他部門への資金の流用によって預金者保護がはかれなくなることである。言い換えれば、信用事業の利益でほかの事業の赤字を補填することが問題なのではなく、信用事業の貯金をほかの事業に転用することが問題なのである。利益がどうのこうのという以前に、調達された資金そのものをほかの部門で運用することのほうが大きな問題なのである。第1章で述べた資金の調達・運用の問題である。

では、他部門との区分経理が完全にはできないという総合農協の経営において、この種の預金者保護はどのように担保されているのであろうか。じつは、これを担保する（正確には担保していた）のが、１９５０（昭和25）年11月16日に施行され、２００１（平成13）年9月5日に廃止された「財務処理基準令」である。

財務処理基準令（以下「財基令」と略す）は、組合と組合員のあいだの財務関係を明らかにし、組合員の利益を保全するために、その財務を適正に処理するための基準を定めたものである。財基令のなかには、自己資本に関する基準、余裕金運用に関する基準、内部資金運用の基準、貯金の支払準備の基準、貸付の基準などが含まれているが、このうち資金の転用に関係するのが内部資金運用の基準である。

(2) 内部資金運用の実態

内部資金運用の基準は、財基令第4条で「信用事業を行う組合の信用事業以外の事業に係る経理への資金の運用は、貯金と定期積金との合計額の100分の20に相当する金額をこえてはならない」と定められていた。

また、財基令の廃止にともない、2001（平成13）年6月29日の改正農協法では、農協法施行令第3条の3で「貯金または定期積金の受入れの事業を行う農業協同組合が信用事業に係る経理から信用事業以外の事業に係る経理へ運用する資金の額は、当該農業協同組合の自己資本の額を超えてはならない」と定められた。

ここで、資金および自己資本の額の算出方法は農林水産省令で定めるとしているが、2002（平成14）年1月1日制定のJAバンク基本方針によれば、資金すなわち他部門運用額とは、信用事業負債（諸引当金をのぞく）から信用事業資産等（貸倒引当金を含む）を控除したものをいい、また自己資本は、出資金、回転出資金、法定準備金、剰余金の合計額から固定資産の営業権相当額と当期剰余金のうちの外部流出予定額を控除したものをいう。

図6-1は、農水省『総合農協統計表』を使って、1951（昭和26）年から2008（平成20）

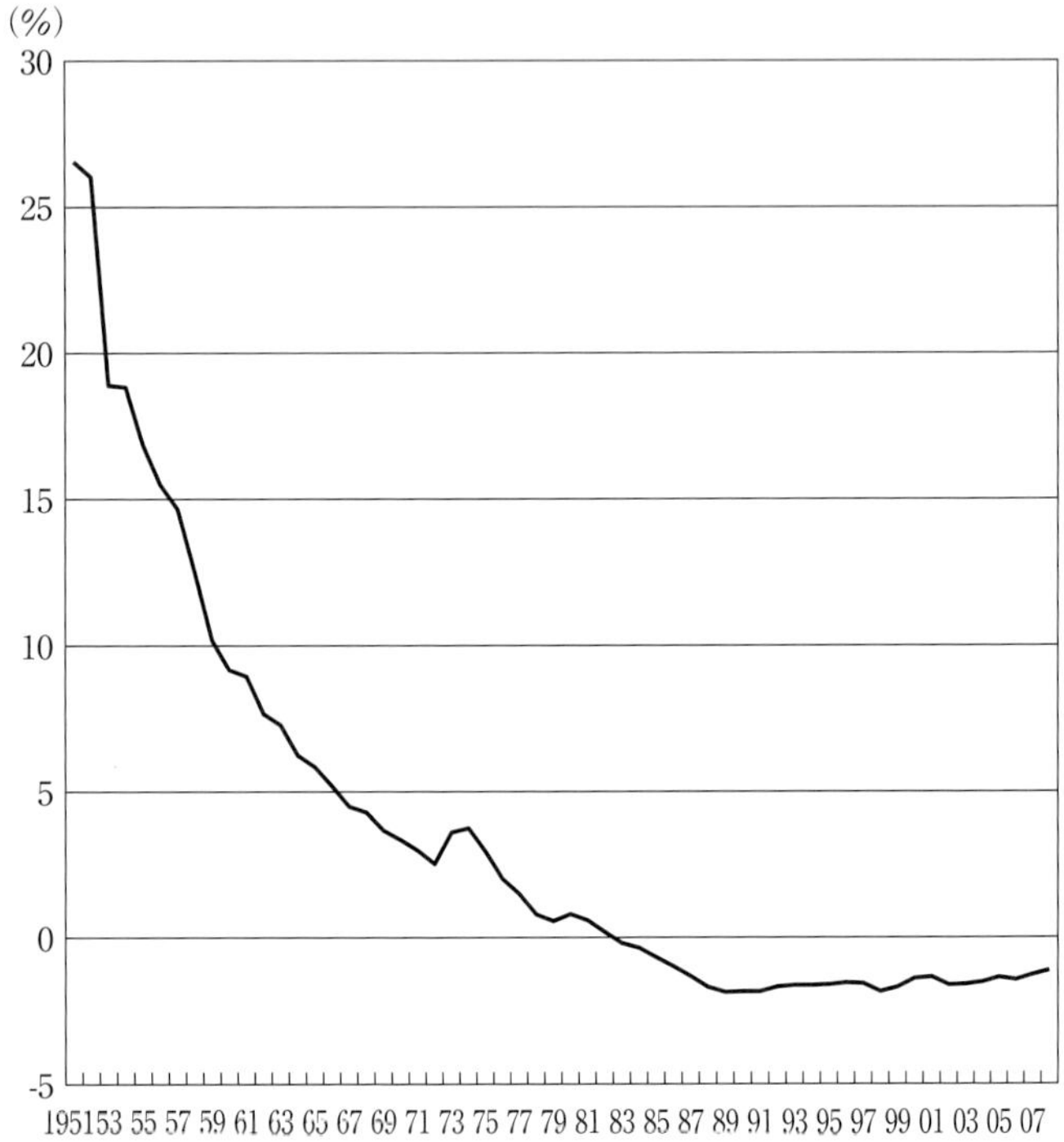

図6－1　他部門運用比率の推移（1951～2008年）

資料：農林水産省『総合農協統計表』（各事業年度版）
注：他部門運用比率は他部門運用額を信用事業負債で除して算出。

年までの他部門運用比率を全国ベースで求めたものである。

ここで、他部門運用比率とは、他部門運用額を信用事業負債で除すことによって、信用事業負債（いわゆる貯金）のうち何％が他部門で運用されているかを表すものである。信用事業負債に対する比率をとることによって、長期間の比較を可能にした。

それによれば、他部門運用比率がプラスか

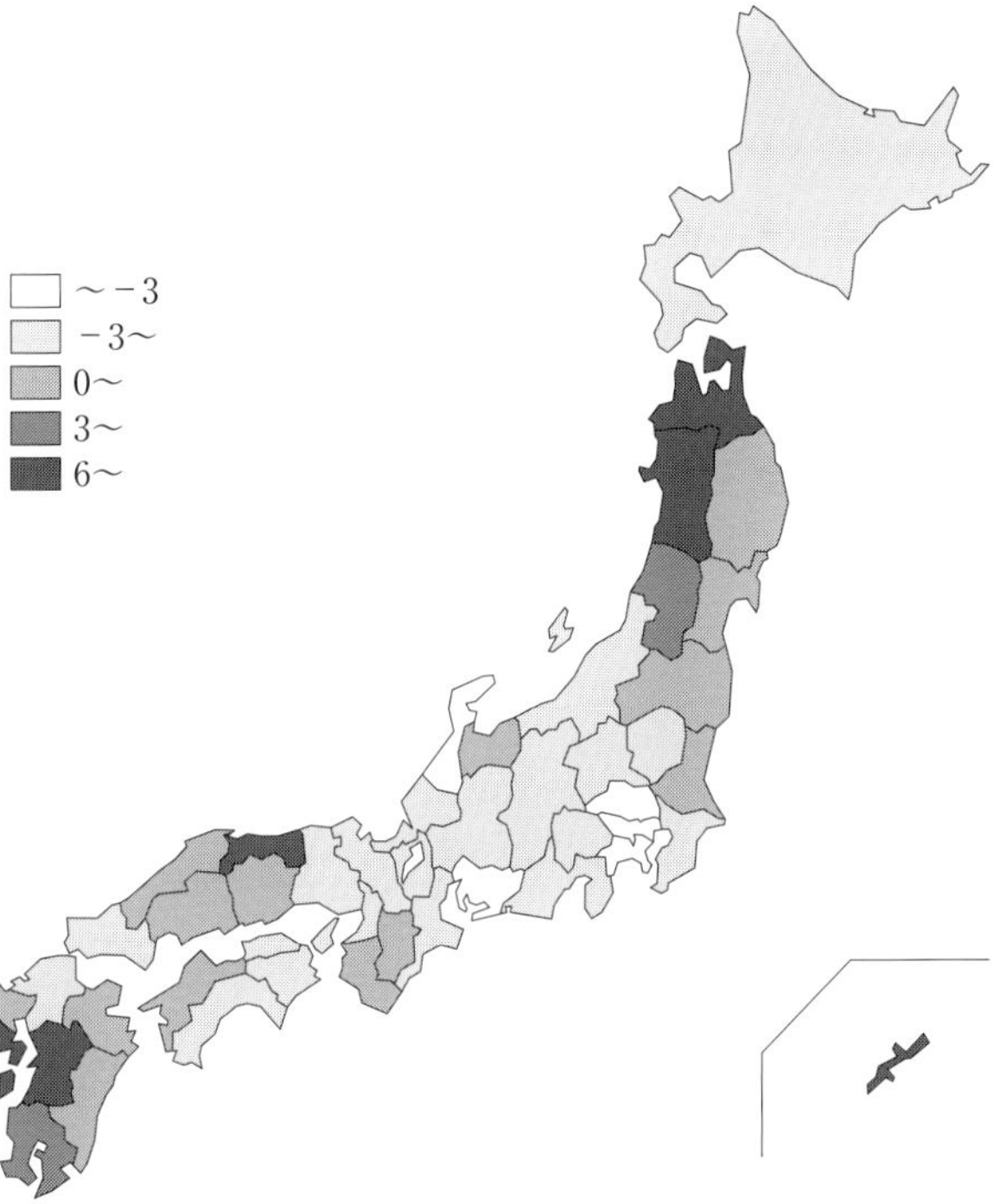

図６－２　都道府県別にみた他部門運用比率（2008年）

資料：農林水産省『総合農協統計表』（平成20事業年度）
注：算出方法は図６－１と同じ。５段階区分の単位は％。

らマイナスに転じ、他部門運用が解消されたのが１９８０（昭和55）年代前半だったことがわかる。また、ここでは図示していないが別途行なった「貯金＋定期積金」との比較においては、１９５５（昭和30）年まで財基令の基準を満たしていなかったことが判明している。それ以降、財基令に反するような状況は発生していない。なお、１９８０（昭和55）年代前半以降、他部門運用が解消されたことから、農協法施行令の基準を満たしていない期間は一度もなかったことは明らかである。

以上は時系列分析である。つぎは横断面分析である。２００８（平成20）年度における都道府県別結果を図６-２に示した。算出方法は図６-１と同じである。

それによれば、他部門運用の大きい都道府県は東北・九州地方に多く、財務基盤のぜい弱なところ、営農振興に注力しているところほど、信用事業負債の他部門運用が解消されていないことがわかる。また、ここでは図示していないが、総合農協レベルではなく、都道府県レベルにおいて、内部資金運用の基準を満たさない可能性のある県もいくつか散見された。

では、以上の結果は何を意味するのであろうか。それはすなわち、画一的な総合農協とはいわれるが、財務的な格差が非常に大きいことを表している。各都道府県はおよそ３タイプにわけられるように思われる。①財務的に信用・共済分離が可能な農協、②他部門運用は解消したが、ただちに信用・共済事業分離には応じられない農協、③他部門運用を解消するべく鋭意努力中であるが、いましばらく時間がかかる農協、の３つである。

農業ＷＧのメンバーは、このような事態をどのように受けとめるのであろうか。③のような農協はけしからん、だからこそ「信用・共済事業分離だ」と叫ぶのであろうか。それではあまりにもお寒い話になる。圧力が強まれば、反発が強まることも必定である。反対に、経営の委縮も心配になる。

農協役職員のみならず、ルールにしたがうのが一般人の務めである。農協法が現に存在する以上、農協法の精神を守り、その規定にしたがおうとするのは当然である。それを何人も指弾することは許されない。だからこそ、農業WGのメンバーには高い識見と自制が要求される。「法律なんていくらでも変えられるわけですから、何が望ましいかということを論じていただきたい」というのは、行政刷新会議に先だって2007（平成19）年〜2009（平成21）年に設置された規制改革会議農林水産業タスクフォース（以下農林水産業TFと略す）での某委員の発言である。この会議の性格を反映した「正直」な発言ではあるが、こんな人に任せていいのかという思いも生じる。

（3）自己決定の重要性

西欧では、わが国の総合農協のような信用・経済事業兼営の協同組合は、マルチパーパスすなわち複数目的の協同組合と呼ばれる。複数の事業を展開しているから、マルチパーパスというわけである。これに対して、シングルパーパスの協同組合とは、単一の事業を展開している単一目的の協同組合のことを表す。つまり、西欧ではパーパス＝目的と事業はイコールで結ばれている。明快ではあるけれど、何か無機的な関係をイメージさせる物の言いようである。

一方、わが国の総合農協は、複数の事業を縦糸とし、その縦糸を縫うように組合員による教育活動や生活文化活動などの横糸を通し、全体として組合員と地域社会の幸せづくりをめざす協同組織と評価できるであろう。そこでの各事業は有機的に結びつけられ、総合的、一体的に発展することがめざされている。
貯金を増やすことだけが目的ではない。農産物販売額を大きくすることだけが目的ではない。それらを総合的に発展させることによって、誰もがかかえる経済的・肉体的・社会的不安の解消をめざすというのが農協運動の本来の姿である。そうであるからこそ、総合農協と呼び、格別な思いを込めて組合を発展させてきたし、今後も発展させようとしている。ルールにしたがうことをよしとする協同組合人からすれば、農協法の根幹にふれるような信用・共済事業分離論は、悪意に満ちたルールつぶしにしか映らないのである。

農業WGのメンバーたち、あるいは農林水産業TFのメンバーたちは、信用組合（正確には協同組合形式の信用事業）と銀行の違い、共済と保険の違いを十分に理解したうえで発言しているのであろうか。営利と非営利という違いだけではない。信用組合の「信用」は経済的弱者の信用創造を意味し、「共済」も同じく経済的弱者の相互扶助を意味する。メンバーシップ制のもとで、地域制限や員外利用制限、さらには貸出制限などの諸規制を受けながら、農の価値を基軸に仲間の輪を広げる努力をしていることも高く評価しなければならないであろう。

そうではあるが、信用事業にしても、共済事業にしても、かつてのままではあり得ない。協同組合であることの性質と、金融業であることの性質は、予定調和的なものではなくなってきている。事実、表6-1に示すように、ドイツのマルチパーパスの協同組合であるライファイゼン系農業協同組合のうちの「経済事業兼営の信用組合」は、事業譲渡や経営統合などの方法により、その数を大

表6－1　ドイツの「信用事業兼営の信用組合」の推移（1980～2009年）

項目	1980	1990	1995	2000	2005	2009
組合数						
協同組合銀行グループ	4,226	3,037	2,589	1,797	1,292	1,166
ライファイゼン系農業協同組合	7,799	5,199	4,909	3,847	3,122	2,675
うち経済事業兼営の信用組合	2,572	1,474	777	434	222	165
組合員数（千人）						
協同組合銀行グループ	9,100	11,400	13,439	15,039	15,725	16,390
ライファイゼン系農業協同組合	4,480	4,487	3,534	2,861	2,119	1,800
うち経済事業兼営の信用組合	2,925	3,283	2,451	1,976	1,370	1,100
1組合当たり組合員数（人）						
協同組合銀行グループ	2,153	3,754	5,191	8,369	12,171	14,057
ライファイゼン系農業協同組合	574	863	720	744	679	673
うち経済事業兼営の信用組合	1,137	2,227	3,154	4,553	6,171	6,667

資料： DGRV "Geschäftbericht 2009"
注：1．協同組合銀行グループの正式名称はフォルクスバンク・ライファイゼンバンク。
2．「経済事業兼営の信用組合」は、協同組合銀行グループ、ライファイゼン系農業協同組合のそれぞれにおいて、内数に含められている。
3．各年12月31日現在の実績値。

きく減らしている。

このような事態をどのようにとらえるべきなのであろうか。ここで重要なことは、この減少は法律の強制によるものではなく、協同組合の自己決定によるものだという点である。つまりは組合員の自発的にして経済的な判断の結果なのである。

農業WGや農林水産業TFの一部のメンバーの主張にみられるような、信用・共済事業分離を強制するような、乱暴な制度改正の結果ではない。かねがね筆者は、これまでの一連の改革論議は、規制改革とは称しながらも、じつは規制緩和ではなく、規制強化をめざしたものであることに疑問を呈してきた(2)。

総合農協といえども、規模の違い、地域環境の違い、経営資源の違いなどが高まる現状をとらえると、全国一律の規制を設け、信用・共済事業分離を強制することは適当ではない。協同組合が民主主義の学校であることをふまえると、自らが自らにふさわしい道を選択するという自己決定の促進をはかるべきである。

私見ではあるが、信用・共済事業分離に関しては、第3章で述べたような経済事業の完全子会社方式や、連合組織にその経営を委託するという代理店方式など、そのための選択肢も農協法のなかには組み込まれているから、それらを必要とする組合においては、役職員や組合員はもちろんのこと、指導機関や連合組織においても、その受容性を高めるような工夫が求められるであろう。何が何でも合併、というのは、それが一つの協同組合の体をなすために膨大な時間とエネルギーを費やすことを考えると、唯一の方策とは言えないのではないだろうか。

（4）共済と保険：規制・監督の同等性

戦後の一時期において、共済と保険に関して規制・監督の一元化がめざされたこともあった。しかし、大蔵省の意向もあって、これは失敗に終わってしまい、共済は共済で個別の協同組合法にしたがうこととなった。そうしたなかで改革の先陣を切ったのが農協共済である。

２００４（平成16）年の農協法改正において、共済金などの支払能力（ソルベンシー・マージン）の充実の状況が適当であるかどうかの基準を定めるとともに、支払能力の充実の状況にかかる区分に応じて、行政庁が監督上必要な命令をくだせるようにした[3]。また、責任準備金など諸準備金を積み立てる規定、共済経理人をおく規定なども整備し、全体として農協共済の規定は保険のそれとほぼ同等のものとなった。

こうした農協共済における制度改正は生協のコープ共済にも大きな影響を及ぼし、結果として、法律や監督官庁は別であっても、共済と保険の規制・監督は大きなところでは共通のものとなり、そのうえで必要なかぎりにおいて、各共済の特質に応じたバリエーションが認められることとなった。

じつは、こうした制度改正のきっかけを与えたのは１９９４（平成６）年に始まるアメリカの「日米規制改革および競争政策イニシアティブに基づく要望書」（いわゆる年次改革要望書）である。

そのなかには建築基準法の改正、法科大学院の設置、郵政民営化などとならんで、共済と保険に関する競争条件の同一化という要求が含まれていたのである。

言い換えれば、共済と保険の規制・監督の同一化というのは、外圧および外圧の威を借りた日本財界の意向を反映したものといってよいであろう。その圧力のかけ方は今般のTPPにも通じるものがあるが、そのつど、わが国は自らの利益を差しだすようなかたちで決着をつけるという情けない状況が続いている。(4) 農林水産業TFや農業WGの議論もその延長線上にあることは言うまでもない。

こうした弱腰外交と国内の内部分裂を見透かすかのように、農協共済と保険に係る規制・監督の同等性が確保されているのにもかかわらず、在日米国商工会議所(ACCJ)の保険小委員会は「農協共済は、優遇され不公平・不公正な条件・ルールで事業を行っている」との主張をくりかえしている。ACCJの要求は、①民間保険競合者と同水準の税金を払うこと、②破綻時の契約者保護のため、セーフティネット(生・損保契約者保護機構)へ資金を拠出すること、③保険業法の規制下におかれている保険会社と同じ規制・監督を受けること、の3点である。

おまけに、ご丁寧にも「農協共済と民間保険競合者のあいだに平等な競争条件が確立されるまでは、農協共済の業務拡大が認められないように要請する」との一文まで添えられている。

ACCJの姿勢は、要するに、農協共済と保険の差異を一切認めようとせず、監督行政の金融庁一元化を要求するものである。それはすなわち、農協共済の完全否定を意味するが、前ページで述べたように、農協共済と保険は基本的なところで同等性が担保されているのであり、高飛車な要求と言わざるを得ない。また、セーフティネットへの参加と法人税の軽減税率適用の解除についても、協同組合の特性・制約をふまえるならば簡単に応じるべきものではない[5]。

農林水産業TF、農業WG（の一部メンバー）のみならず、ACCJの要求に共通する特徴は、イコールフッティング、他業禁止など、協同組合に対してテイク・テイクの要求ばかりを発し、ギブへの配慮がないことである。じつは、協同組合というのは、行政庁による認可制のもと、地域制限、員外利用制限、事業制限、貸出制限などの諸規制を受けているのであり、これらの諸規制はさておいて、イコールフッティングや他業禁止だけを声高に叫んでみても、関係者が合意できる成案が得られるはずはないのである。この点は強調しても強調しすぎることはない。

3　協同組合らしさの徹底追求を

郵政民営化に際して、小泉純一郎元首相は「抵抗勢力」なるレッテルを張って、大向うをうならし、反対派におどしをかけた。この経験をふまえるならば、TPPにしても、信用・共済事業分離にしても、JAグループはこの種の挑発に乗るべきではない。さいわい、いまのところ、JAグループには冷静さが保たれている。

一般に、総合農協と専門農協を比較したとき、専門農協のほうが協同組合としての仕組みが単純なことから、組織の寿命は長いと考えられている。ドイツの経験がそれを示している。しかし、わが国の経験は違う。総合農協のほうが長いのである。これは、環境変化に対する適応力が、総合農協のほうが専門農協よりもすぐれていることを意味する。信用・共済事業分離を主張する人たちはこの事実を軽視するべきではない。

もう一つ、共済事業が典型であるが、そこでは総合農協と全共連の役割分担が明確であり、総合農協はあたかも全共連の窓口的な役割を果たしていることである。こうした実態をふまえるならば、共済事業分離は総合農協のレベルではなく、全共連のレベルで達成されていると考えなければならない。

同様に、信用事業においても、いまだ共済事業の域には達していないが、JAバンクシステムのもとで、総合農協、県信連、農林中金の役割分担が明確になりつつある。たとえば、JASTEMにみられる電算システムなり、県域での貸付審査を行なうローンセンターの設置はそれへの兆候を表している(6)。そうであるならば、信用事業分離についても、総合農協のレベルではなく、農林中金と県信連のレベルで達成されていると考えるべきではないだろうか。

重要なことは、以上の役割分化は、制度や行政庁の強制ではなく、協同組合の自己決定によるものだという点である。その半面、その自己決定に組合員の意思が適切に反映されているかとなると、心もとない気もする。銀行や保険会社との同質化戦略の結果といえなくもない。

たとえば、広域合併農協では支店と営農センターを別個に設置し、支店は信用・共済の事業店舗、営農センターは営農経済の事業店舗として分離させている事例が多いが、これは組合員のニーズや願いを分断して受けとめていることを意味し、総合農協という特性を自ら放棄していることにつながっている。組合員経済においては営農経済と金融が一体化しているにもかかわらず、それを正しく受けとめられず、組合員ならびに組合員組織に多大な迷惑・不便をかける結果となっている。と同時に、それは、総合農協とはいうものの、じつは信用・共済事業分離が可能だということを自らが証明していることにもつながる。分離して所期の成果が得られるならばそれでよいが、そうではなく、営農経済に関心のない信用・共済担当職員、信用・共済に関心のない営農経済担当職員だけをつくっているという側面も見逃せない。

今、JAグループに求められていることは、銀行や保険会社との同質化戦略ではない。異質化戦略である。つまりは事業の縦糸が太くなるなかで、組合員による教育活動、生活文化活動の横糸を一本でも多く通す取組みが重要なのである。そうした努力なくしては、銀行や保険会社の後塵を拝し続けることはほぼまちがいない。

協同組合の有用性は、参加型民主主義、すなわち「自治と協働（運営参加と活動参加）」の実行にある。ただし、それは、協同組合であれば自動的に与えられるものではない。主体的につくりあげるものである(7)。言い換えれば、協同組合らしさの徹底追求、これこそが信用・共済事業分離論ないしは総合農協解体論に対して、明確にノーを突きつける決定打となる。総合農協のリーダーたちはそのことにいち早く気づくべきである。

注

（1）石田正昭「信用・共済事業分離と総合性」『農業と経済』第77巻第8号、２０１１年７・８月を参照のこと。
（2）石田正昭「農協改革の課題」『共済総研レポート』84号、２００６年4月を参照のこと。
（3）明田作『農業協同組合法』経済法令研究会、２０１０年、６１６～６１７ページによる。
（4）ＴＰＰについては、中野剛志『ＴＰＰ亡国論』集英社、２０１１年から多くの示唆を得た。
（5）今尾和實「共済をめぐる情勢についての一考察～保険共済監督行政一元化に対する試論～」『共済総合研究』60号、２０１０年11月を参照のこと。
（6）県域でのローンセンターの設置は、農協法第92条の2から第92条の5までに規定されている「特定信用事業代理業」に該当する。この規定を援用すれば、いずれは組合員および利用者対応だけが単位農協に固有の業務となるかもしれない。
（7）石田正昭『ドイツ協同組合リポート　参加型民主主義―わが村は美しく』全国共同出版、２０１１年のエピローグを参照のこと。

第7章　信用・共済事業を生活文化事業の中核に据えるには

――JA兵庫六甲の事例

1　くらしの活動による農協づくり

農協の生活活動は、1970（昭和45）年の「生活基本構想」によって体系的に整理され、その後、1985（昭和60）年の「生活活動基本方針」によって課題の整理と見直しが行なわれたが、生活基本構想で提起された課題が広範であったためか、組合員の協同活動を基礎とする農協づくりという面で体制整備が遅れてきた。こうした状況をふまえて、2009（平成21）年の第25回JA全国大会では「JAくらしの活動」の運動方針が提案・承認され、〝新たな協同〟というかたちの組合員の協同活動を基礎とする農協づくりに取り組むこととなった。

農協の「生活活動」と「JAくらしの活動」の基本的な違いは、前者では主として組合員の生活活動に重きがおかれてきたが、後者では地域の再生をはかることの重要性にかんがみて、組合員の生活活動のみならず、地域社会（コミュニティ）の開発活動にも注力することが提案されたことであった。

もちろん、そうはいっても、生活基本構想で提案された活動や事業に鋭意取り組んできた農協や県域からみれば、以前から地域社会の開発活動にも注力してきたわけであり、何か画期的な提案がなされたというわけではない。ＪＡくらしの活動が提案された本意は、ざっくりとした表現が許されるならば、取組み不十分な農協や県域において、食農教育や高齢者生活支援など、最低限これだけはやってほしいという活動の基準を提示することにあったというべきであろう。

本章で紹介するＪＡ兵庫六甲は、「生活基本構想」で提案された組合員の協同活動を基礎とする農協づくりに長年にわたって取り組み、活動と事業の両面にわたって大きな成果をあげてきた農協である。それは単に組合員の幸せづくりにとどまらず、地域みんなの幸せづくりをめざすという点で、「ＪＡくらしの活動」の最先端を走っている農協でもある。とりわけここで紹介したいことは二つあって、一つは信用・共済事業を金融事業とは呼ばず、生活文化事業として位置づけていること、もう一つは組織事業基盤の拡充という観点から、正組合員資格を見直し、正組合員の維持・拡大をはかるとともに、〝地域に根ざした協同組合〟として准組合員の拡大にも成功していることである。

２　地域に根ざした協同組合とはどういうものか

（１）生活基本構想で提案されたこと

冒頭で、１９７０年の生活基本構想で提起された課題は広範であったと述べたが、この間の経済社会の大きな変動にもかかわらず、その内容は現在も十分に通用するものである。生活基本構想のなかのⅡ「農協の果たすべき役割と対策」で提起された諸課題を列記すると、つぎのとおりである。

①適正な情報の確保と教育・相談活動
②健康をまもり向上をはかる活動
③老人の福祉向上と子どもの健全育成をはかる活動
④危険にそなえ、生活基礎をかためる活動
⑤快適な生活環境をととのえる活動
⑥消費生活をまもり向上をはかる活動
⑦生活をたのしみ文化を高める活動
⑧適正な就業機会を確保する活動
⑨適正な資産管理をはかる活動

これらの活動を実行する主体は、農協ではなく、わたし、すなわち組合員である。そのわたしが、仲間を募って行なう活動が組合員の協同活動である。仮に組合の事業を太い縦糸とすれば、組合員の協同活動は横糸を形成している。その横糸を一本でも多く通すために、プランナー（企画・研修等の実施担当責任者）、オルガナイザー（組織づくり、運営担当責任者）、インストラクター（講師）の役割を果たすのが農協職員である。(1)

こうした縦糸（組合の事業）と横糸（組合員の協同活動）の関係のなかで、事業としての信用・共済事業はさまざまなかたちで組合員の協同活動とからみあう機会をもっている。たとえば、①は生活設計、ライフプランニング、法務・税務相談、記帳・申告指導、③は老後のための貯蓄、子ども養育費の確保、④は共済、⑤は住宅新改築のための借入れ、⑥は貯金、借入れ、年金、年金相談、運用アドバイス、金融商品の情報提供、JAカード、⑨は資産管理相談、動産・不動産の管理、相続相談などがそれにあたる。このことは、信用・共済事業はそれ単独で成立するのではなく、組合員のくらしの領域に深くかかわってこそ、その意義もより深まるという関係が成立していることを表している。

もちろん、組合員の営農活動・事業において信用・共済事業が果たす役割も大きいが、農協のばあい、それは大前提として成立しており、その大前提を満たしたうえで組合員のくらしの領域に深くかかわることが、組合員の幸せづくりと農協事業のよりいっそうの発展をもたらすという関係が成立しているといわなければならない。

(2) 生活文化事業としての信用・共済事業

組合員の協同活動を活発化して事業に結びつける。この協同組合として当然のアプローチを忠実に守っているのがＪＡ兵庫六甲である。２０００（平成12）年に、神戸市西、神戸市北、宝塚、にしのみや、さんだ、川西市、いたみ、尼崎市、いながわの9農協が合併して設立されたが、この協同組合的アプローチは合併前のＪＡ神戸市西から継承されたものといわれる。

合併にあたって、ＪＡ兵庫六甲では、地域事業本部制（神戸地域事業本部、中地域事業本部、東地域事業本部の3本部制）が導入され、組合員の協同活動の最大単位をそこにおいている。[2] 一方、本店には生活文化事業部が置かれ、そこが地域事業本部と支店の生活文化事業を統括管理している。重要な点は、この生活文化事業のなかには組合員の生活文化活動のほかに、信用事業、共済事業が含まれていることである。言い換えれば、この農協には信用事業、共済事業、あるいは金融事業という名称の独立した事業部門は存在しないのである。

ほかの農協と大きく異なることは、生活文化事業のかなめに組合員の生活文化活動がおかれていることである。ここで、組合員の生活文化活動は、①支店ふれあい委員会が主宰するふれあい活動、スポーツ大会、イベントなどの取組み、②女性組織活動、サークル、文化活動などの目的別活動、③高齢者福祉活動、健康管理活動、葬祭事業、などの活動や事業からなりたっている。組合員の生活文化活動の拠点は支店の空きスペースにつくられた「ふれあい会館」であるが、これは主として倉庫など不要となった施設を改築したものとされる[3]。

2010（平成22）年度は、合併10周年記念事業として、総額1億7000万円を投じ、①の支店ふれあい委員会が主宰するふれあい活動、スポーツ大会、イベントが大々的にくりひろげられた[4]。米粉クッキングコンテントが8地区（ほぼ旧農協の単位）で開催されたほか、各地でふれあいフェスティバル、食農活動、コミュニティ活動、協同大学、協同大学OB会活動、ボウリング大会、グラウンドゴルフ大会、ゴルフ大会、ふれあい旅行、記念講演会などが開催された。

②の女性会組織は7地区、3939人、生活会（旧JA神戸市西管内の地域婦人部）は87集落、2360戸、各種サークルは292サークル、2736人、文化教室は139教室、1783人で組織されている。このうちの各種サークルは「ろくちゃんサークル」と呼ばれ、「ふれあい会館」などの農協施設を利用して、5人以上の気のあう仲間たちがそれぞれの目的や趣味に合わせた活動を行なっている。こうした協同活動の面倒をみるのは、各支店に配属されている「くらしの相談員」である。支店の渉外担当として55支店に218人が配属されているが、彼らには最低ひとつのろくちゃんサークルを立ち上げなければならないという目標が課せられている。

③の健康管理活動は27会場、8026人が参加して行なわれた。また、高齢者福祉事業は、ミニデイサービス、高齢者の自立支援などを行なう高齢者生活支援事業とケアプランやデイサービスなどを行なう公的サービス事業に分かれるが、公的サービス事業は、JA直営と社会福祉法人ジェイエイ兵庫六甲福祉会の二本立てで行なわれている。JA直営は5事業所、55人の体制で、また社会福祉法人

ジェイエイ兵庫六甲福祉会（旧JA伊丹市の提案による福祉事業）は4事業所、180人の体制で取り組まれている。後者のジェイエイ兵庫六甲福祉会では、特別養護老人ホームや地区を超えて被介護者を募集できる小規模多機能型居宅介護も取り組まれている。また葬祭事業は管内の3施設で行なわれている。

以上で述べてきたように、本農協では多彩な組合員の協同活動が展開されているが、これらはすべて支店と組合員の良好な関係をベースに構築されており、その関係性を通して組合員の利用ニーズが各種の事業部門につながっている。そのつなぎ役となるのが、支店に配置された「窓口相談員」と「くらしの相談員」である。前者は窓口、後者は総合渉外の仕事を担うなかで、組合員相談に応じている。また、「くらしの相談員」は総合渉外、組合員相談にとどまらず、生活文化活動の事務局機能も担っている。

すぐれた事務局機能を担うために、「くらしの相談員」には都市型、農村型に分かれた勤務評価・表彰制度が導入されているほか、支店間交流を活発にして勉強させる、手引書をつくって活用させる、資料作成を義務づける、組織内のイントラネットで情報交換させる、などを行ない、資質の向上をはかっている。また、支店長の能力もきわめて重要であって、年齢にこだわらず、30歳代半ばの優秀な職員を登用する事例もあるという。

こうした地域密着型支援活動のほかに、三つの地域事業本部に合計八つの資産管理センターを設置し、法律、税務、年金、相続、融資などの相談に応じる専門部署を設け、機能・分野特化型支援活動も行なっている。これらの専門部署では「窓口相談員」や「くらしの相談員」が収集してきた情報をもとに、組合員のニーズや願いに応えるかたちの「一緒に寄りそう相談活動」の実践に努めている。

(3) 組織基盤強化の取組み

2000(平成12)年4月1日の合併時、本農協の組合員は、正組合員2万3138人、准組合員1万7423人、合計4万561人であったが、2012(平成24)年3月末現在、正組合員3万5559人、准組合員5万7539人、合計8万8098人にいたった。この12年間に、正組合員7421人、准組合員4万116人、合計4万7537人の増加をみている。

この増加は組織基盤強化の取組みの成果であるが、この方針を定めたのは、合併1年後に当時の代表理事組合長・村山芳樹氏から諮問された「組合員活動強化方策」に対する組合員活動強化検討委員会の答申によってであった。村山組合長自身、「合併して大きくなって、組合と組合員が離れてはいけない。できるだけ参加・参画の機会を設けないといけない。この問題は役員が先頭に立って解決しなければならない」という気概をもっていた。合併後の問題点を見抜いていたのである。

2001(平成13)年12月25日の答申では、①一戸複数組合員化、②生活文化活動の展開を通じた准組合員の加入促進、③女性・青年層の総代選出などがうたわれていた。この答申にもとづき、2002(平成14)年8月には、今後5年間に組合員を5万人にするという組合員拡充運動が提案され、ただちに実行に移された。員外利用をなくし准組合員化をすすめた結果、この目標は容易に達成された。ついで、この運動のノウハウも蓄積されたことから、2011（平成23）年度末には組合員を7万人にするという目標を立てた。じっさいに達成されたのは、すでに述べたように8万8098人で、目標を1万8000人も上まわっている。ただし、大きいようにみえるけれども、管内人口は330万人であるから、世帯数に換算し直しても、まだまだ〝地域に根ざした協同組合〟にはなっていないという自覚がある。

当然ながら、こうした組合員拡充運動をすすめるなかで、正組合員数と准組合員数の逆転が時間の問題となった。「なんといっても農協は正組合員が基盤である。正組合員を維持しなければならない。都市化地帯なので黙っていても農地は減る。そうではあるが正組合員を減らしてはならない」と考えるようになった。

こうした考えから出てきたのが、正組合員資格の見直し、すなわち耕作面積要件の変更である。合併当初の耕作面積要件は、9農協のうちで最小のところに合わせたことから5aとなっていた。阪神間ではこれでも大きすぎる。農地は失っても市民農園や家庭菜園などで農業をやっていれば、正組合員でいられるようにしたい。そのように考えた結果、出てきたのが耕作面積要件の削除である（表7-1）。この議案は2005（平成17）年6月の総代会で承認された。

行政庁に提出した「変更の理由」はつぎのようである。

①全中の農業協同組合模範定款例（平成14年2月20日制定）では、（備考）において「第12条第2

項第1号及び第2号の記載については、一般的に個人農業者の概念に含まれるものを組合員とするよう地域の実情に照らし具体的に規定すること。」とされている。

・当JA管内地域においては、阪神間をはじめ、神戸市・三田市周辺等においても都市化混住化の進展が著しく、農業との共存が環境問題等も踏まえ、喫緊の課題となっています。そのような中、地産地消、安全・安心・安堵の産地づくりを実現すべく、直販ルートの開発に努めてまいりました。このような観点で、農業市場館（直売所）の設置など、都市農業を支える施策を実行しています。このような情勢の中、相続は権利意識の拡大により、法定相続も増加し、残念ながら後継者の土地の細分化なども、現実の問題となっています。このような現実がせまっており、耕作面積要件「5アール以上」のままであると、今後、当該地域の正組合員の組織基盤が弱体化する懸念があることや、JAの運営においても、総代選挙及び役員選出手続きに関して、地域バランスを欠くことになりかねないため。

②また、模範定款例の（備考）では、なお書きで「本条第2項第1号の正組合員資格に耕作面積要件を付するときは、『○アール以上の土地を耕作する農業を営む個人であって、その住所又はその経営に係る土地又は施設がこの組合の地区内にあるもの』と規定すること。」とされている。

・当JA管内には、畜産事業者、施設園芸事業者も少なからず存在しており、耕種農家を対象とした耕作面積要件のみを規定することは、実情に照らして妥当ではないため。（実際のところ、部会等でも課題として取り上げられている）

表7-1　ＪＡ兵庫六甲の正組合員資格に関する定款変更（新旧対照表）

新	旧
第12条　（略） 2　次に掲げる者は、この組合の正組合員となることができる。 （1）農業を営む個人であって、その住所又はその経営に係る土地又は施設がこの組合の地区内にあるもの （2）1年のうち60日以上農業に従事する個人であって、その住所又はその従事する農業に係る土地又は施設がこの組合の地区内にあるもの （3）（略）	第12条　（略） 2　次に掲げる者は、この組合の正組合員となることができる。 （1）5アール以上の土地を耕作する農業を営む個人であって、その住所又はその経営に係る土地又は施設がこの組合の地区内にあるもの （2）1年のうち60日以上農業に従事する個人であって、その住所又はその従事する農業に係る土地又は施設がこの組合の地区内にあるもの （3）（略）

変更の理由は以上のとおりであるが、農協法には、すでに耕作面積要件、農業従事日数要件はなく、あるのは「農業者」という規定だけである。また模範定款例においても農業従事日数要件（90日と記載）はあるが、耕作面積要件はない。あるのは模範定款例第12条の（備考）において、耕作面積要件を付するばあいの規定の方法だけである。

模範定款例であるから、農協には地域の実情に応じた解釈と規定が許されているとみるべきであろう。ただし、定款変更には行政庁の認可が必要であるから、行政庁とは事前協議を行なって、両者の調整がはかられることは容易に想像できる。

行政庁ではなくても心配なことは、変更の必要性はわかるが、規定をゆるめた結果、どんな人が正組合員になるかわからないことである。農協をひっかきまわすような人はこれを排除できるようにしなければならない。とすれば、正組合員、すなわち農業者の判定は、相続や贈与のばあいはなるべくゆるく、新規参入のばあいはなるべくきつくするというのが妥当な方法であろう。行政庁に提出された「正組合員加入における農業者の判定について」はつぎのようである。

「農業者の判定については、JA兵庫六甲が一般的に個人農業者の概念に含まれるものを組合員とすることを判定の主体として、下記項目について検討し、総合的な審査を行い、理事会で個々の実情に応じてその都度、協議の上、決定するものとする。

1. 相続（贈与を含む）の場合

（1）被相続人の営農を引き継ぐ者であること。

（2）原則として被相続人の農機具、その他営農関連の資材等を相続（贈与を受けている）していること。ただし、新規購入計画も可。

（3）販売計画を持ち、販売をする予定であること。

2. 新規加入（相続・贈与を除く加入）の場合

（1）営農を継続して行っており、今後も継続する予定であること。

（2）営農に必要な農機具、その他資材を保有していること。

（3）販売計画を持ち、販売をすること。」

正組合員数と准組合員数の逆転というのは、JA兵庫六甲のみならず、全国各地の農協で起こっていることであるし、今はそうではないという農協もそう遠くない将来に起こるであろうことは確実である。いまの組合員制度のもとでは、利用権設定を行なって農地を貸しだし、自らの耕作面積が規定面積を下まわるような事態になると正組合員の資格も失うことになる(5)。第6章で述べたように、行政刷新会議「規制・制度改革に係る対処方針」で打ちだされた「農地を所有している非農家の組合員資格保有という農協法の理念に違反している状況の解消」が閣議決定され、今後きびしい現況確認が求められるようになることはほぼまちがいない。

これまで農協発展に尽力してきた農業者が、農地の出し手になったとたん、正組合員の資格を失うというのは、どう考えても不合理である。ましてや人・農地プランでは、担い手経営体への農地集積が政策的に要求されるようになっている。農地は貸しても農作業を行なうというのは、土地もち非農家のみならず、農村にくらす者にとっての農的な生き方の基本をなしている。この点をとらえるならば、耕作面積要件を外すというのは現実的な選択となりうる。

3　総合農協の将来をさぐる

ＪＡ兵庫六甲の取組みからわれわれが学ぶべきことは数多い。その第一は、農協を事業ではなく、組合員の協同活動から組み立てるという点である。組合員の協同活動なくして、農協は存立し得ない。事業だけを見つめていると、次第に組合員のニーズや願いから離れていくことになる。とりわけ、信用・共済事業から農協を組み立てようとすると、これらの事業での組合員とのやりとりはお金の出し入れを通じた個人的なものが中心となるため、組合員の協同活動への農協のかかわりが弱まることが避けられない。

もちろんＪＡファンをひとりでも多くつくり、准組合員の増加をはかって組織事業基盤を固めることも大切である。しかし、なぜＪＡファンがつくれるかを考えるとき、農協が食と農、高齢者福祉などに注力する姿勢があってこそ、それが可能になるということも忘れてはならない。今農協に求められていることは、その意味での組合員による協同活動の奨励なのである。

そのばあいの核となるのは、言うまでもなく、農業者とその家族、すなわち正組合員である。相談活動、協同活動を通じて組合員と組合のあいだに良好な関係性を構築し、正組合員の信頼を取り戻すことが第一である。事業利用を掘り起こすというばあいであっても、准組合員からではなく、現状において利用の薄い正組合員から始めるのが妥当であろう。

最大のポイントは事業推進のあり方であろう。とりわけ共済推進をどうとらえるかが重要である。図7－1は、横軸に正組合員1戸当たりの貯金高、縦軸に貯金高に対する長期共済保有高の倍率をとり、都道府県データをプロットしたものである(6)。どのくらいの貯金があるのかという点と、どのくらいの倍率の共済を保有しているのかという点の関係性をみようとしたものである。

この図を見ると、きれいな右下がりの曲線を描いている。この曲線の解釈については二つの見方が成立するように思われる。一つは、事業の視点に立って、貯金の少なさを共済でカバーしようとしているというものである。もう一つは、組合員の視点に立って、貯金高には違いがあっても、人や建物の保障はそれほど大きくは違わないというものである。

この図から何らかの結論を得ようという意図はない。この図に照らして、自らの農協の実績がどのような位置にあるのかを確認し、信用事業と共済事業のバランスをとることが重要であると言いたいだけである。無理な共済推進は、組合員と組合の関係を悪くするだけである。

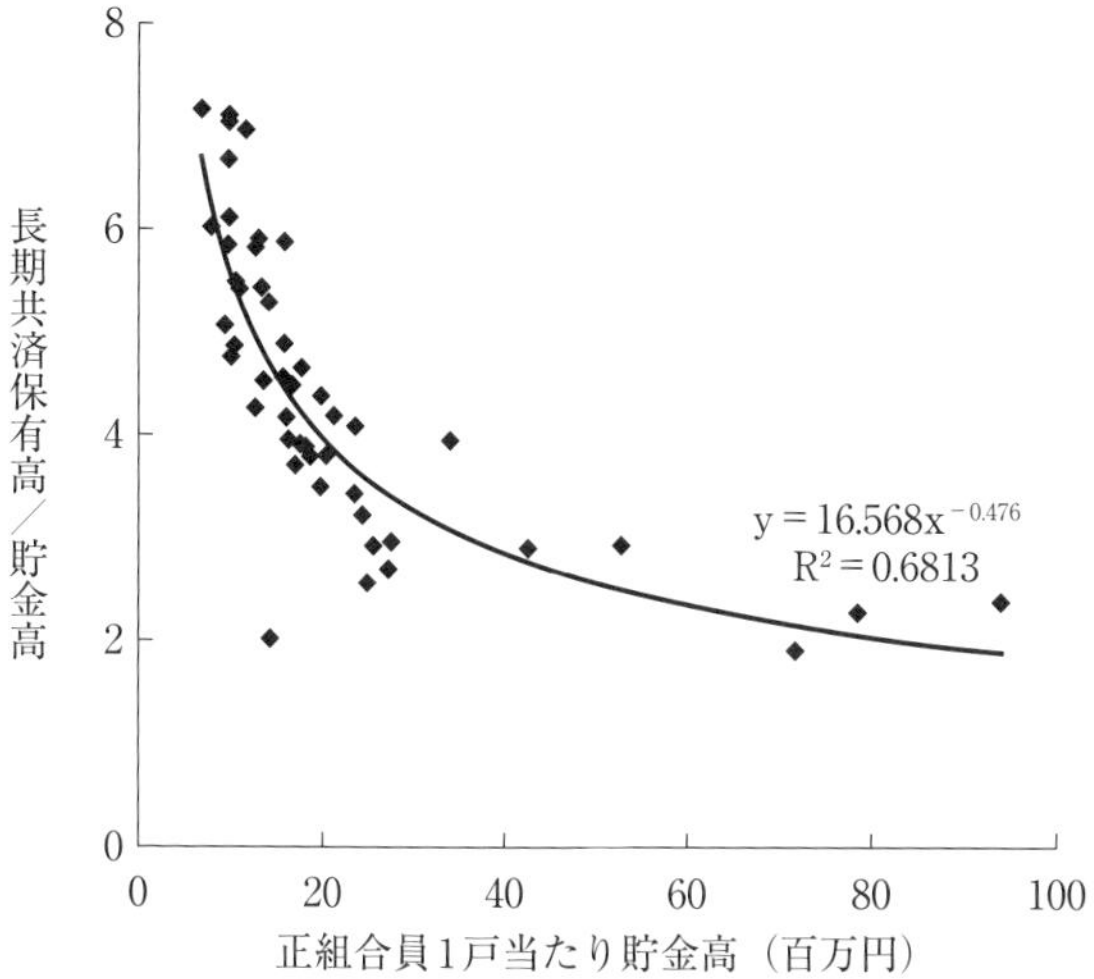

図７−１　ＪＡ経営における貯金と共済

資料：農林水産省『総合農協統計表』（平成21事業年度）

ＪＡ兵庫六甲の取組みから学ぶべき第二は、〝地域に根ざす協同組合〟という表現である。この表現は２０１２（平成24）年の第26回ＪＡ全国大会議案書から使われるようになったが、意味としては〝地域協同組合〟と同じである。しかし、そこには一つだけ大きなちがいがある。それは、〝地域協同組合〟というのはしばしば〝職能協同組合〟の対立概念としてとらえられる可能性があり、農協の性格規定に関する無用の論争を引き起こすおそれが強まることである。歴史的個体としての農協という点からすれば、農協は〝地域協同組合〟と〝職能協同組合〟

の両方の性格をもつというのが正しい理解であって、どちらも否定されるべきものではない[7]。

しかし、仮に農協が〝地域協同組合〟の路線を明確にするというのであれば、現行の農協法は不要であるという主張が台頭し、信用・共済事業分離論者たちに利用されることが避けられない。性格規定に関する無用の論争に陥らず、農協の本来的な性格を考えれば、地域社会に成立根拠をもち、地域社会に責任をもつ協同組合という意味で、〝地域に根ざした協同組合〟が最もふさわしい表現と考えられる。

この〝地域に根ざした協同組合〟という観点に立てば、JAファンをつくることは喫緊の課題である。なぜならば、協同組合運動は同じ方向をめざす仲間たちが集まって、自らのニーズや願いをかなえようとする組織だからである。その意味では、准組合員と正組合員の数的関係をその指標とすべきではなく、正しくは地域社会を構成する人びとのうち、どれだけの農協賛同者を得たのかというのをその指標とすべきなのである。食と農、高齢者福祉、ならびに健康や医療など、農協であるからこそ展開できる事業も数多い。仲間を大切にしてくれる組織だという点も見逃すことはできない。そこの点をとらえてのJAファンづくりにしなければならない。

表7-2は、都道府県データを使って非農家世帯における准組合員加入比率を求めたものである。それによれば、最も高いのが島根県で、非農家世帯の43・5%が准組合員として組織されている。じっさい、JAいずもは推定で80%という高い組織率を実現している。さすがに首都圏、関西圏では低くなっているが、こういう都市的地域においてこそ農業の果たす役割、農的なくらしのすばらしさを

表7－2　非農家世帯における准組合員加入比率（2008年）

（単位：％）

1位	島根県	43.5	17位	新潟県	13.2	33位	栃木県	7.4
2位	岐阜県	20.3	18位	鳥取県	12.8	34位	熊本県	7.0
3位	和歌山県	19.8	19位	滋賀県	12.5	35位	兵庫県	6.8
4位	佐賀県	18.6	20位	山形県	12.0	36位	奈良県	6.5
5位	静岡県	16.3	21位	高知県	11.5	37位	福岡県	5.8
6位	富山県	16.2	22位	沖縄県	11.2	38位	青森県	5.6
7位	福井県	16.1	23位	秋田県	10.2	39位	岡山県	5.4
8位	山口県	15.6	24位	福島県	10.1	40位	埼玉県	5.2
9位	広島県	15.4	25位	石川県	9.9	41位	宮城県	5.2
10位	宮崎県	15.2	26位	群馬県	9.9	42位	茨城県	5.0
11位	鹿児島県	14.5	27位	北海道	9.4	43位	神奈川県	5.0
12位	長野県	14.4	28位	三重県	9.3	44位	京都府	4.3
13位	岩手県	14.3	29位	徳島県	9.3	45位	千葉県	4.2
14位	愛媛県	13.8	30位	山梨県	8.8	46位	大阪府	3.8
15位	香川県	13.5	31位	大分県	8.2	47位	東京都	2.0
16位	長崎県	13.3	32位	愛知県	7.4	合　計		7.7

資料：1．総務省『都道府県別の人口と世帯数』（平成20年版）
　　　2．農林水産省『総合農協統計表』（平成19事業年度）

理解してもらうことが大切であり、組織化という点でまだまだ取組み不十分の状況にあるといえるだろう。

ＪＡ兵庫六甲の取組みから学ぶべき第三は、組合員制度についてである。この問題をめぐっては、准組合員の運営参加が議論されることが多い。出資し、利用するが、参画できないという問題がそれである。筆者自身はあまり賛成できないが、協同組合の先進地のヨーロッパでは、員外利用というものを、組合員の利用を阻害しない範囲内であればこれを容認するという制度をとっているところが多い。この観点からいえば、准組合員はもちろんのこと、員外利用も否定されるべきものではないということになる。じっさい、准組合員の利用が増えて、正組合

員が困るという事業は考えにくいからである。(8)

事実、第6章で紹介した農水省の「総合的な監督指針」においても、准組合員制度の運用の項で、「准組合員制度は、農協が農業者のみならず地域住民の生活に必要な生活支援機関としての役割を果たすことが農村の活性化にとって望ましいこと、また、農協としては、事業運用の安定化を図り、正組合員へのサービスを確保・向上する上でも、事業分量を増大することが望ましいことから、地域に居住する住民等についても農協の事業を組合員として利用する途を開くために設けられている。実態としても、農協は、地域に居住する住民の生活に必要な物資の販売、医療、介護サービス等の提供を行うなど地域社会において重要な役割を担っている」と述べ、否定的な態度はとっていない。

問題があるとすれば、准組合員に参画の機会を与えていないことである。これについては、参画とはいっても、フォーマルなものとインフォーマルなものとがあって、フォーマルなものはさておき、インフォーマルなものについてはその機会を増やすことが妥当である。組合員学習会、利用者懇談会、支店協同活動運営委員会、地区別懇談会などへの参加を通して、自らの意見を表明できるような機会をつくることが望ましい。(9) そもそも正組合員であっても、フォーマルな意思反映は総代に選ばれてからであって、すべての懸案事項がフォーマルなもので片づくと考えるのはまちがっている。そういう点からすれば、正組合員も准組合員も含めて、インフォーマルな意思反映の機会を数多くつくることが農協の当面する課題といってよいだろう。総代会資料が届かないとか、総代会資料が事前に配布されないなどは、参画の観点からいうと、早急に改善されるべき事項である。

以上から明らかなように、組合員制度に関する本当の問題は准組合員ではなく、正組合員にある。正組合員が減ってよくなる農協というのはない。戦後創設された自作農を維持するという農協法の理念に立てば、土地もち非農家をどう取り扱うかが問題となる。これについては農地法の再検討という大問題が残されている。そういう大問題をはらみながらも、農協にとっては土地もち非農家を正組合員として維持できるような制度を導入することが早急に必要である。その意味でＪＡ兵庫六甲の経験は大いに参考になる。

注

（1）坂野百合勝『改訂 ＪＡ生活活動のすすめ』日本経済評論社、１９９５年、１５９ページ。
（2）ＪＡ兵庫六甲は組合員８万人を超える大規模農協であるが、経営管理委員会制度は導入されていない。理事会制が採用されている。
（3）コンプライアンス上、金融店舗の土日を含む時間外使用は認められていない。このため金融店舗内に設置される集会施設、調理施設は使い勝手が悪い。できれば「ふれあい会館」のような集会施設、調理施設の設置が望まれる。
（4）以下の数値はいずも２０１０（平成22）年度の実績である。
（5）特例として、農協の定款に定めがあるばあい、農用地利用改善団体の構成員で、農用地利用集積計画により農地の利用権を設定するときは、その農地は自作地に準ずるものとみなされ、農協の正組合員資格は継続できることになっている。ただし、これも一代かぎりの措置である。この措置は集落営農法人の設立がさかんで、すでに農協の定款にその旨の規定が存在するばあいに有効であり、どの農協にもあてはまるというわけではない。

（6）正組合員1戸当たり貯金高は、貯金高を正組合員戸数で除して求めた。本来は准組合員の利用も考慮しなければならないが、正准別の貯金高が得られないため、ここでは便宜的に貯金高を正組合員戸数で除して求めている。

（7）詳しくは石田正昭「なぜＪＡは現在のような組合員制度をもっているのか」『月刊ＪＡ』第56巻第2号、２０１０年2月を参照のこと。

（8）員外利用の拡大によって組合員の利用が最も大きな影響を受けるのは医療であろう。農協法では、医療の員外利用比率は１００対１００とされている。しかし、医師法第19条1項では「診療に従事する医師は、診察治療の求があつた場合には、正当な事由がなければ、これを拒んではならない」とされ、診療拒否はできないことになっている。誰が考えても、医療という公的サービスの世界に員外利用を規制する規定を持ち込むことはなじまない。

（9）たとえば、ＪＡはだのでは准組合員の総会への参加が認められている（この組合では総会制が維持されている）。また、ＪＡ福岡市では准組合員の新規加入者に対して組合員学習会への参加機会が提供されている。

第8章　農協の総合力で地域社会を活性化するには
――JA三次の事例

1　農協の総合力を生みだすもの

　JA三次《みよし》は、1991（平成3）年4月1日、広島県の三次市、君田村、布野村、作木村、吉舎町、三良坂町、双三三和町の7農協が合併して設立された。2004（平成16）年の行政合併によって、これらの市町村はすべて新三次市に合体されたが、JA三次の合併には参加せず、JA庄原の合併に参加した甲奴町も新三次市に合体された。その結果、現在のJA三次の区域は旧甲奴町をのぞく三次市となっている。

　2011（平成23）年3月31日現在、正組合員戸数7322戸、准組合員戸数5365戸、合計1万2687戸である。JA三次管内の全戸数に対する組合員戸数、すなわち農協組織率は、推定で57％である。また、非農家戸数に対する准組合員戸数、すなわち非農家組織率は、推定で36％である。役員の説明によれば、農村部ではほぼ全戸が農協組合員として加入し、これ以上の拡大は見込めない状況にあるという。拡大するとすれば、市街地だけが残されている。

まさに、地域社会に根ざした協同組合として、地域社会に責任をもつ農協といえるだろう。この農協の特徴を一言で言い表せば、教育文化活動をすべての基礎におき、組合員と役職員のあいだでの情報の共有、認識の共有、理念の共有をはかってきたと要約できる。たとえば、2010（平成22）年1月の「家の光」三誌の購読部数は2497部、正組合員戸数に対する普及率で34・1％、同じく「日本農業新聞」の平均購読部数は872部、普及率で11・9％という高普及率を達成している。筆者は「情報の共有なくして認識の共有はなく、認識の共有なくして理念の共有はない」と考えているが、こうした教育資材を活用しながら、役員の考えを職員が共有し、役職員の考えを組合員が共有しているといってよい。

代表理事組合長の村上光雄氏（現JA広島中央会会長、JA全中副会長）は、旧双三三和町農協の時代から理事をつとめ、JA三次でも一貫して理事をつとめてきたが、1995（平成7）年度に組合長理事に就任以来、トップの要職にある。その長年の役員経験をふまえて、自らの農協運動に対する想いを概略つぎのように語っている(1)。

「私は『人づくり』のためには三つ重要なことがあると考えて実践してきました。一つに仕事はみんなでやるものだということ。どこの企業でも同じかもしれませんが、われわれは協同組合ですから、なおさら協同して仕事をしなければならないということです。

そのためには役職員ができるだけ共通の認識を持つことが大事です。だから、われわれのＪＡでは、たとえば講演会でも役職員が一緒になって聞くことを心がけています。それから、毎年、年の始めに役職員を集めた研修会を開き、そこで新しい年に向けてＪＡは何をやるべきか、私が考えていることをきちんと皆に伝えています。その日は午前と午後の2回に分けてパート職員も含めて全員出席してもらいますから、組合長はこういうことを考え、こういう方向でいこうとしているんだな、と全役職員が共通の認識を持つことになります。

また、最近では、ＪＡの決算内容を職員にも説明してほしいという要望が出てきた。これは当然で、いいことを言ってくれたと思い、毎年、常勤役員と職員との懇談会で決算の内容を説明するようになりました。こうすればわれわれのＪＡの決算はどうなっていてどう対応しなければいけないのか、職員も同じ認識を持つわけです。

2番目は自主性を持って仕事をする、です。あるいは、そのように仕向ける、ですね。トップとして方向性は示すけれども、具体的な仕事は職員が自主的に判断して動くようにしています。われわれのＪＡは集落営農を非常に重視していますが、この方針はＪＡとは何なのかをはっきり示しています。というのは集落とはＪＡの原点であって集落の機能がつぶれればＪＡもつぶれるということです。集落がつぶれてＪＡが残っているなどという社会はありません。集落が困っているなら当然、ＪＡが手だてを考えようということです。そこをきちんと整理しているから職員も動く。

３番目はＪＡの職員が、たとえば他の金融機関と比較されて利用者に一段低く見られるようなことがあってはならないということです。そう見られることがあるとすれば、きちんと教育・研修をしていないからで、これはトップの責任だということです。職員にきちんと研修を受けさせればできるようになります。能力に差があるわけではない。教育するか、しないかの違いです。

もうひとつ付け加えるなら、職員が自ら学習するという風土をつくる必要があると思います。最近では一度研修で講師にお願いするが、次からは職員自らが資格を取って講師になって研修会を開くということも出てきています。何よりも講師を務めるということは自分の勉強になり、知識がしっかり身に付きますよね。

当然のことですが、ＪＡと地域とは運命共同体であり、ＪＡは地域と一緒に生きていかなければならないということです。そのことをしっかりと認識し、組合員とわれわれは一心同体なんだという気持ちで仕事をしていくことが大切だと改めて感じました。

絶えず教育をしていかないと基本を忘れかねないということだと改めて思いました。何らかの研修をしたらこれで教育は万全だ、ということにはならない。毎年同じことであっても繰り返し、繰り返し教育をすることが必要だと思っています。

やはりトップの責任は重大です。トップの力でどんな絵でも描ける。ＪＡの方向を誤らないようにトップが自分の言葉で役職員、組合員に話すようにすることが大事だと考えています。」

すばらしいインタビューだと思う。ひるがえって考えて、農協がもつ農協固有の価値は「総合力」

である。それは単に事業の総合性だけで言い表せるものではない。人づくり、組織づくり、地域づくりを含めた総合的なものである。その要にいるのがトップであって、そこに人材を得てはじめてすばらしい農協運動が展開できる。あらためてそう思うインタビューであった。

2　組合員の力を引きだすには

(1) 組合員拡大運動の成果と総括

中国山地の中央部に位置するのがJA三次である。その農協経営は、合併以来、順調であったというわけではないし、それはいまも変わっていないと思う。しかし、そこで展開されている農協運動は全国でもトップ級のものであると高く評価できる。その一端は、2005（平成17）年度から2007（平成19）年度に展開された組合員拡大運動においてもみてとれる。

ことの発端は、2003（平成15）年度の経営会議で村上組合長が、年々の組合員の減少傾向に言及したことであった。「取扱高の確保に目をうばわれ、組織の基盤である『組合員』への配慮が薄らいでいるのではないか。合併時と比較すると、旧JAの一つが消滅したことになる」というするどい問題提起を行なった。早速、総務部で情勢分析と対応策を検討したものの、実践に移すことはできなかった。この問題は、再度、2004（平成16）年度の経営会議で取り上げられ、「このまま放置はできない」という危機感の共有から、翌2005（平成17）年度からの3年間にわたる組合員拡大運動の実施が決まった。通常総代会での承認を受け、担当部署として「組合員課」も設置した。

運動の展開にあたって、協同組合経営戦略フォーラム代表の坂野百合勝氏を招き、組合員拡大運動への取組みに向けた事前研修会を開催し、全役職員と女性部役員が聴講した。この講演会に女性部役員を参加させたことが村上組合長の考え方をよく表しているが、さらに運動の趣旨を徹底するために、①総代および役職員へ『新　協同組合とは』を学習テキストとして購入、配布した、②女性部役員会への運動説明と協力要請を行ない、女性部としても運動展開を決定した、③広報誌に啓発記事「協同組合を考える」シリーズを掲載した、④組合員拡大運動用パンフレットを作成した、などの教育重視の取組みを行なった。

この運動は、本部長を村上組合長、副本部長を専務、常務、女性部長、農青連委員長とする体制ですすめられたが、その目標管理は支店長が行ない、職員1人当たり年間10人の組合員を確保し、出資金額は1万円見当とする、という方針も決まった。その結果、2007（平成19）年度末には、5146人の拡大目標に対して、5154人（団体をのぞくと5056人）の実績を得た。

表8−1はその結果を要約したものであるが、この表を見ると、この運動の性格がよくわかる。第一に、拡大の主たる対象を女性においていること、第二に、男性は正組合員、准組合員ともに若年層の増加が多いこと、第三に、女性は、正組合員は50歳代以上の高年層の増加が多く、准組合員は30歳代から50歳代までの中年層の増加が多いことである。つまり、これまで農協組織として比較的手薄で

あった女性農業者層、非農家層、男性青年層の拡大をはかったことになる。

この組合員拡大運動に関連して、もうひとつ重要な点は、運動終了後にその総括をきちんと行なっていることである。それによれば、

①農協運動の基本理念や加入の意義を正しく理解していない職員もいて、運動ではなくてお願い推進になってしまった。そのため組合員も組合運動への参画意識が薄い

②高齢化進行による脱退申込みや減口申込みが依然として増加しており（３年間に８７４人の自然減）、組織基盤の維持が大きな課題である

表８−１　新規加入組合員の年代別状況（2005～2007年度）

資格	性別	～20歳代	30歳代	40歳代	50歳代	60歳代	70歳代～	合計
正組合員	男性	297 35.9%	164 19.8%	165 20.0%	133 16.1%	46 5.6%	22 2.7%	827 100.0%
	女性	178 8.5%	189 9.0%	320 15.3%	458 21.9%	445 21.3%	499 23.9%	2,089 100.0%
准組合員	男性	250 28.8%	190 21.9%	149 17.1%	141 16.2%	74 8.5%	65 7.5%	869 100.0%
	女性	200 15.7%	226 17.8%	219 17.2%	245 19.3%	194 15.3%	187 14.7%	1,271 100.0%
合計		925 18.3%	769 15.2%	853 16.9%	977 19.3%	759 15.0%	773 15.3%	5,056 100.0%

資料：ＪＡ三次資料

③若年層も多く加入いただいたが、加入者に対するメリットやサービスが具体化できていない状況がある

④准組合員の参画の場づくりをどうするか

⑤表面的な数だけが問題ではなく、農業振興・教育文化活動を真に取り組み、地域の活性化と組合員が必要とするＪＡにしないと、まだまだ組織基盤は衰退していく

⑥組合員拡大は目標達成したものの、組合員台帳の未整理が課題として残った

などという率直なものであった。

表8-2からわかるように、こうした組合員拡大運動にもかかわらず、高年層の組合員が多く、出資金も多いという農協固有の年齢別構成に大きな変化はない。しかし、仔細に見ると、全国とくらべて、20～44歳層の組合員の構成比率が高く、組合員拡大運動の一定の成果は認められる。と同時に、80歳以上の組合員の構成比率も高く、次世代への移譲が遅れていることも読みとれる。この移譲の遅れは、条件不利地に特有の後継者の不在がその原因と考えられ、将来の組合員の減少を予測させるものである。

以上に加えて、当然のことながら、出資金の構成比率は、組合員の構成比率とくらべると、50～54歳層までの若年層、中年層で低くなっており、彼らの1人当たり出資金が少ないことがわかる。これは、将来、高年層の組合員の減少とともに出資金が減少する可能性があることを示している。

表８－２　年齢階層別にみた組合員と出資金の比率

（単位：％）

年齢階層	JA三次				全国	
	組合員		出資金		組合員	
	階層別比率	累積比率	階層別比率	累積比率	階層別比率	累積比率
20歳未満	0.1	0.1	0.0	0.0	0.3	0.3
20～24歳	1.0	1.1	0.1	0.1	0.5	0.8
25～29歳	2.7	3.9	0.2	0.3	1.2	2.0
30～34歳	3.3	7.2	0.6	0.9	2.4	4.4
35～39歳	5.6	12.8	1.0	2.0	4.0	8.3
40～44歳	5.8	18.6	1.7	3.7	4.8	13.2
45～49歳	5.2	23.8	2.4	6.0	6.1	19.3
50～54歳	7.3	31.1	5.2	11.3	7.8	27.1
55～59歳	9.2	40.3	9.4	20.7	10.6	37.6
60～64歳	12.4	52.7	15.1	35.8	13.5	51.1
65～69歳	8.7	61.4	11.0	46.8	11.2	62.3
70～74歳	8.4	69.8	11.5	58.2	10.6	72.9
75～79歳	9.5	79.3	13.6	71.9	10.6	83.5
80歳以上	18.8	98.1	27.2	99.1	16.5	100.0
年齢不詳	1.9	100.0	0.9	100.0	-	-

資料：ＪＡ三次、ＪＡ全中資料

（２）女性参画の取組み

ＪＡグループでは、女性参画の目標を「正組合員の25％以上、総代の10％以上、１ＪＡ２名以上の理事等の登用」においている。この目標は２０００（平成12）年の第22回ＪＡ全国大会で最初にかかげられ、２０１２（平成24）年の第26回大会でも同様にかかげられている。言い換えれば、少なくとも15年間は目標が変わらないことを意味し、農協の取組みがそれだけ遅れていることを示すものである。事実、２０１１（平成23）年７月末現在、この目標を達成した農協は、全国でわずかに28組合という残念な結果となっている。

農協における女性参画の目的は、もちろん、組合員の確保、出資金の確保にあるのではない。農業経営ならびに家計経済における女性の役割を考えると、一人の人間として正当に評価される必要があること、また「みなし組合員」という陰にかくれた存在であってはならないことにある。農協は、女性が主体的に活動し、主体的に意思を表明できる機会を提供する責任がある。

しかし、筆者はそれ以上に重要な要素が女性参画には含まれていると思っている。その重要な要素とは、どんなにすばらしいことを農協がやっても、男性だけの世界だと、そのすばらしさが深まらない、広がらないという性質があるという点である。女性の力を借りてこそ、農協運動はより深まるし、より広がる性質をもっている。というのは、女性の会話と男性の会話ではその頻度と伝播力において格段の差があること、また、男性だけの世界では、話題が営農面にかたよりがちとなり、それ以外の領域における意思疎通が乏しくなるからである。農協を〝地域に根ざした協同組合〟として方向づけたいならば、どうしても女性の力を借りなければならない。いいかえれば、女性の力を活用できない農協は衰退するといってよいだろう。

女性参画の目標を達成した農協、これは「三冠王」と呼ばれている。この三冠王は、県域である程度固まっている状況がみてとれる。広島県もその一つで、三つの農協、JA広島ゆたか、JA三次、JA広島北部が三冠王となっている。これは広島県農協大会決議の実践結果ととらえるのが正しい。

JA三次では、正組合員の40・9％、総代の12・5％、4人の理事等（非常勤理事3人、常勤監事１人）が女性となっている。この成果は高く評価され、２００９（平成21）年度のＪＡ男女共同参画優良表彰「農林水産大臣賞」を受賞している。

三冠王のうち、40・９％の女性正組合員比率は、二つの力が作用して達成された。一つは、すでに述べたように組合員拡大運動の成果である。もう一つは、合併時にすでに18・６％という高い女性正組合員比率を実現していたことである。これは合併前に複数組合員制を導入していた農協が複数あったことによるものである。

つぎに、４人の理事等については、１人の常勤監事は女性職員からの登用であるが、３人の非常勤理事は、１人は選挙区選出の理事、残る２人は２００７（平成19）年の改選期に女性枠を設けたことによるものである。女性枠の２人は、１人は女性部長、もう１人は女性部長の出身とは異なる支部（18支部）から女性部の推薦によって選出された人である。

どの農協もそうだが、女性組合員は組合員拡大運動によって、また女性理事は女性枠の設定によって、農協にその意思さえあれば、目標達成はそれほどむずかしいことではない。むずかしいのは、選挙区（農家組合）から選ばれる総代に女性を加えることである。これを行なうには選挙区の総代選出ルールを変更する必要が生じるため、農協がかけ声をかけただけでは動かない。ＪＡ三次もその例外ではなく、２００６（平成18）年の改選期においては農協から「定数の１割を女性から」とかけ声はかけたが、選挙区からは４％余りしか選ばれてこなかった。このにがい経験をふまえて、２００９（平成21）年の改選期には、総代の10％（55人）を女性枠として設け、これを正組合員の戸数割にもとづいて各選挙区に割り当て、その割り当てられた相当数を選挙区の女性部が責任をもって選ぶこととした。だから、女性総代は、選挙区ないし支部（かならずしも両者は一致しない）の女性部枠という性質をもっていることになる。

この改選期には通常の総代枠からも女性総代が選ばれたため、合計で69人の女性総代が誕生している。この結果をもって、２００９（平成21）年度ＪＡ男女共同参画優良表彰「農林水産大臣賞」の栄に浴している。

選ばれた女性総代たちは、結束力が強く、「女性総代研修会」を開いてから地区別総代会（11会場で開催）に出席したという。この研修会では、地区別総代会での質問事項をみんなで考え、誰がどのような質問をするかまでも決めたとされる。これが一つの刺激になって、その後は男性総代を含めて事前研修会を実施するようになった。女性総代は地区別総代会の出席率も高く、女性総代たちの発言に刺激されて、男性総代たちも活発に発言するようになったといわれる。

このような活発な活動を続ける女性部ではあるが、合併時の２９３２人から２０１１（平成23）年３月末現在では１５５０人までおよそ半減し、組織率も女性正組合員の28％にまで低下した。女性部としてもこの事態を重く受けとめ、未加入の女性への「部員１人ひと声かけ運動」に取り組むことによって、年間50人程度ではあるが増加させることに成功している。

注目される女性部活動としては、農協が小学校３年生へ『ちゃぐりん』を無償配布するのにあわせて、その児童たちに農業体験、料理体験の機会を提供する「ちゃぐりんキッズクラブ」を開催しているほか、地産地消・自給50％運動・10―１―３運動（シイタケ10本・読書10分、梅の木１本・ダイズ１握、記帳３分・体操３分）を展開している。「ちゃぐりんキッズクラブ」は２０１０（平成22）年のばあい、17会場で開催され、２４３６人が参加している。また、家の光記事活用グループには63グループ、７６０人が参加し、助けあい組織「たんぽぽの会」にも４５６人（そのうち女性は９割）が参加している。従来からの「女性セミナー」に加えて、２０１１（平成23）年度からはヤングママを対象とするＪＡ三次女性大学「ひまわり大学」も開校されている。

「たんぽぽの会」は、ホームヘルパー有資格者が中心となって設立された助けあい組織で、ミニデイサービス、高齢者への絵手紙や折り紙、配食サービス、ＪＡ三次デイサービス「やすらぎ館」への慰問など、さまざまなボランティア活動を展開している。これらの活動を「たんぽぽの会」単独で行なう支部もあれば、地区社協と一体となって行なう支部もある。

もともと農協女性部の協同活動は、その内容において、市町村や自治会・町内会などが行なう地区社協や公民館の活動と重なるところが多く、独自性を発揮しにくいという性質をもっている。しかし、地区社協や公民館とは異なる農協女性部の活動の特色は、農協女性部（農業者）という目的集団によって担われていること、農業生産と農産物加工の一体化という農業者固有の生産工程をもっていることにあり、この特色を強みとして自覚し、活用することによって独自の存在価値を提供できるし、またそうする必要があるといってよいだろう。

（3）集落営農法人への熱いまなざし

村上組合長のインタビューからも明らかなように、JA三次では集落営農法人の設立に力を入れてきた。農協の組織基盤は集落にあり、集落の崩壊は農協の崩壊につながるという危機意識が役職員のあいだで共有されている。2012（平成24）年3月現在、29の集落営農法人が設立されているが、その内訳は全戸参加型が24法人、オペレーター中心型が5法人となっている(2)。

29法人の水田面積集積率は16・6％、これに対し、3ha以上の大型担い手農家は58戸で、その水田面積集積率は10・4％である。両者をあわせると水田面積のおよそ4分の1が集積されていることになる。地区的にいうと、旧三和町、旧三次市東部地区で集落営農法人が多く、旧君田村で大型担い手農家が多い。地形的にいうと、谷筋にあって、谷幅がやや広いところで集落営農法人が数多く設置されている。集落営農法人の振興は広島県の施策であるが、集落への呼びかけ、立ち上げ、レベルアップなど、その主要な部分は農協が担っているとされる。このため、JA三次においても2004（平成16）年に営農支援課を設置し、県職員のOBを雇って対応してきた(3)。

こうした支援体制のもと、本農協では集落営農法人に共通する課題を解決するため、2004（平成16）年から「JA三次集落法人ネットワーク」を設置し、経営者への教育研修、交流活動などを行なっている。2012（平成24）年3月現在、このネットワーク組織に加入する集落営農法人は26法人である。このネットワークの取組みから「大豆ネットワーク」「農産加工ネットワーク」「機械利用ネットワーク」という３つの協同組織が生まれてきた。

大豆ネットワークは２００７（平成19）年に設立され、11法人が加入する組織であるが、これはコンバインの共同利用によって機械装備をもたない小さな法人もダイズを生産できるようになり、その結果、ＪＡとしても量をまとめることで三次産ブランドの形成に役立っているという取組みである。この大豆ネットにはダイズを購入する地元の豆腐店も加入し、地産地消が実現されている。

農産加工ネットワークは２００８（平成20）年に設立され、全26法人がダイズ、米粉、山菜や野菜の加工品を試作したという経緯がある。この取組みのなかから、きな粉、みそ、福神漬け、五色餅、梅干し、クルトン、玉ねぎのワイン漬け、野菜の煮豆など、すぐれたものが商品化され、三次ワイナリー、直売所、Ａコープなどの管内施設のほか、ＪＡ三次が広島市内に設置しているアンテナショップ「三次きん菜館」やインショップでも販売されている。このアンテナショップ、インショップは三次産の朝どり野菜を広島市内の消費者に毎日提供できるようにしたものであり、ＪＡ甘楽富岡の取組みをいち早く本地域で導入したものとされる。

機械利用ネットワークは２００９（平成21）年に設立され、21法人が加入しているが、これは１法人が20～25ha程度の規模では、採算をとることはきびしく、機械の共同利用によってコストダウンをはかる必要があることから設置された。たとえば、２台のマニュアスプレッダーを10法人が50haで使っているが、そのなかの８法人が農薬や化学肥料を半減させた特別栽培米に取り組んでいる。

このようなネットワークの存在は、集落の合意形成を１階部分、集落営農法人の経営を２階部分とするならば、集落営農法人の機械の共同利用、加工品の開発・販売などを3階部分とするものであり、担い手づくり、産地づくり、地域づくりの基本をなすものである。こうした重層的な取組みが行なわれている前提に、農協の集落への熱いまなざしがあることも忘れてはならない。

管内29法人のうち「JA三次集落法人ネットワーク」に加入しているのは26法人、さらにそのうち農協出資を受けているのは16法人である。これをJA出資型集落営農法人と呼べば、JA出資型集落営農法人は出資というかたちで〝集落とともに歩む農協〟の姿を内外に明示する取組みといってよいだろう。農協は法人出資金のうち、組合員農家の出資の3分の1以内で500万円を上限として出資要請に応じており、その総額は16法人で2375万円、1法人当たり平均148万円となっている。最高は420万円、最低は24万円である。

このJA出資型集落営農法人のうち、管内で最初に設立されたのが「農事組合法人・なひろだに」である。旧三和町成広谷地区にあり、集落の農家戸数68戸のうち57戸が参加している。経営面積は約40ha、そのうちの30haで水稲を作付けている。この「なひろだに」は2005（平成17）年10月に設立された。代表理事組合長は旧三和町助役で農協理事（現在も同じ）の児玉勇氏である。農協の出資額は190万円である。

栽培品目は米、ダイズ、ブルーベリー、ピーマンなどであるが、女性グループが中心となって、ダイズを使った豆腐、スモークどうふ、みそ、おかずみそ、ドレッシング、おからドーナツ、厚揚げなどをつくり、それを直売所、アンテナショップ、インショップなどで販売している。豆腐は学校給食や保育所からも注文が入るときがあり、毎朝7時から平均して120丁、多いときで300丁をつくっている。加工部門、野菜部門（ピーマン）を含めて10人前後の女性たちが意欲的に従事している（図8−1）。

ヒット商品は〝スモークどうふ〟といわれ、このおかげでそのほかの商品開発にもはずみがついた。そのなかから〝スモークたまご〟も生まれた。加工は一年を通して現金収入のあることが魅力であるが、採算に乗せることはそれほど容易ではない。「なひろだに」のばあい、経営改善に役立っているのが農協加工所の利用である。この利用によって、バラエティに富んだ商品の開発・販売とコスト低減の両方が可能になっている。

図8−1　農事組合法人・なひろだにのメンバーたち

以上から明らかなように、JA三次のばあい、集落営農もまた農協の総合力によってレベルアップがはかられている面が多々ある。農協支援の取組みは、JA出資型集落営農法人の設立・運営、機械の共同利用、栽培品目の拡大、加工場の利用、商品開発、直売所の運営、販路開拓など、広範囲にわたっている。現代的にいうと、「垂直的統合」とか「6次産業化」と呼ばれる取組みが、農協を中心に動いているというのがJA三次の姿なのである。

3　地域社会の活性化に向けて

地域社会の活性化に向けて協同組合が取り組むべき課題は数多い。そのなかで農協が取り組むべき課題、あるいは農協だからこそ取り組める課題とは何かという問題を考えたとき、およそ八つの課題があるように思われる。すでに序章で述べたが、それを列挙すると、

①雇用の場をつくる
②健康づくりに取り組む
③いのちをつなぐ食農教育に取り組む
④耕作放棄地をつくらず、有効利用する
⑤地域の自然や環境を守る活動をすすめる
⑥高齢者福祉に取り組む
⑦子育てに取り組む
⑧女性・青少年・障がい者の能力開発をすすめる

などである。これらの課題を、農や農的資源にもとづく活動や事業を通して解決に導くというのが農協が果たすべき役割である。

こうした取組みのなかで最も印象的なメッセージを発信しているのが、全中常務理事、有機農業研究会代表幹事などを歴任した故一樂照雄氏の

「子どもに自然を

老人に仕事を」

という一節である。

これからの時代、地域社会にあふれるのは老人たちであり、足りなくなるのは子どもたちである。そのあふれる老人たちが自らの生きがいを求めて、将来を生きる子どもたちのために自然教育を行なう。これこそ地域社会の理想的な姿である。一樂氏のメッセージはそのように聞こえる。

年金友の会に入って、旅行やスポーツに興じるのもよいが、やはり老人たちの第一の願いは、仕事をすることによって毎日を元気に過ごすことだと思う。老人たちに生きがいとなる仕事を与える。農協がこの課題に取り組むことはきわめて重要である。

図8-2は、JA三次の配食センター「彩善館」による高齢者への配食サービスの様子を写したものである（「日本農業新聞」平成24年3月2日付）。彩善館は三次市の委託を受けて、高齢者に夕食弁当を宅配しているが、そのときの様子がこれである。ここで注目すべきは弁当を受けとる女性ではなく、弁当を渡す男性のほうである。その彼も高齢者というのがミソである。つまり、高齢者が高齢者

図8－2　お年寄りに夕食弁当を届ける彩善館の配達スタッフ
（写真提供：日本農業新聞）

のために働く、そしてその事業を展開しているのが農協である。言い換えれば、農協は高齢者福祉と高齢者雇用の両方の役割を担っているのである。一石二鳥と言ってよい。

今、こうした地域社会の課題を、組合員の協同活動として解決することが農協に求められている。職員がやるのではない。組合員が協同でやることを職員がお手伝いする、そんな関係をつくりだすことが望ましい。それを意識的に取り組んでいるのがＪＡあづみ（長野県安曇野市・松本市）の女性大学〝生き活き塾〟である。受講生たちは大学で、福祉、環境、家庭菜園、加工、健康、食育などの科目を講義と実習で学び、卒業後は、自らの関心にしたがってそのうちの一つを実践する。「学んで実践」と呼ばれるこの方式が、女性大学を行なっている全国の農協で定着することが望ましい。

ＪＡ三次も２０１２（平成24）年度から女性大学を開校したほか、組合員ならびに役職員を対象とする教育・学習活動の充実により、１人１参加１参画運動を新たにスタートさせようとしている。どのような運動が展開されるのか今から楽しみであるが、「組合員・地域住民が主役となる〝やらされる協同活動〟から〝やりたい協同活動〟への活動展開」をめざすというこの取組みに期待している。

注

（1）インタビュー「問題意識の共有が人づくりの出発点　村上光雄　全中副会長」農業協同組合新聞、２０１２（平成24）年６月30日号。

（2）楠本雅弘『進化する集落営農』農山漁村文化協会、２０１０年、２５４～２７０ページを参照のこと。

（3）ＪＡ三次の定款では、第12章の２で、農用地利用集積計画の定めるところによって利用権を設定したことにより耕作面積要件（５ａ）、従事日数要件（60日）を満たさなくなった者で、農用地利用改善事業実施団体の構成員である者は、引き続き正組合員の資格を維持できる旨を規定している。ただし、これは当人一代かぎりの措置である。

第9章　農協間の姉妹提携で組織・事業を革新するには
——JA紀の里・JAいわて花巻の事例

1　JA紀の里——元気な女性部

前章でJA女性参画の三冠王としてJA三次を紹介したが、和歌山県のJA紀の里も三冠王を達成している農協である。正組合員の28・4%、総代の29・5%、役員の6人が女性である。この基礎をつくったのは、現組合長の二代前、石橋芳春組合長の時代とされる。石橋組合長は1999（平成11）年6月～2008（平成20）年6月のあいだ組合長をつとめたが、その3期目に女性部の要請を受けて、女性理事登用の途を開いた。

といっても、女性部の要請を受けて女性枠の理事をつくったというわけではない。石橋組合長の回答は「地区の人たちの推薦がなければワシはようせん」というものだった。この言葉に女性部が燃えた。組合員拡大運動が自主的に開始されたのである。

女性理事をつくるために正組合員をつくろう、これが合言葉となった。当時、本JAには5支所あったが、各支所で正組合員30%、総代25%、理事1人をめざす、という目標が立てられた。部員一人ひとりが近くの人に声をかける。「はっと気がついたら、ひとりぼっちになるよ」「1万円の出資で、普通貯金よりも金利がいいよ」という説得を続けたそうである。もっとも石橋組合長も黙って見ていたわけではなく、理事会では、理事たちに「協力するように」と呼びかけたという。また、それに呼応するかのように職員も協力体制を整えたとされる。

現在のJA紀の里は、1992(平成4)年に那賀町、粉河町、打田町、桃山町、貴志川町の5農協が合併し、ついで2008(平成20)年に岩出町農協が参加して設立された。現在の行政単位としては、那賀町から貴志川町までが紀の川市、岩出町が岩出市となっている。JA紀の里は旧農協単位に支所を配置しているため、現在は6支所体制になっているが、その6支所から1人ずつ、計6人の女性理事が選ばれている。6人の女性理事というのは全国的にみてもトップ級の多さであるが、それにはこうした経緯が隠されていたのである。

女性の正組合員比率も高いが、それを上まわる高さの女性総代比率も見逃すわけにはいかない。協同組合原則に従えば、組合員と総代の対応関係は当然のこととはいえ、地区の男性たちの理解がないと実現できるものではない。その意味で、この農協の運営には民主的なルールが備わっているとみてよいだろう。

女性理事として選出される人は、かならずしも女性部員というわけではない。現在の女性理事のうち、4人は女性部員からの登用であるが、2人は理事になってから女性部に加入している。女性部長の話によれば、女性理事に選ばれたら「快く受け入れよ」「断ってはいけない」という不文律があるのだという。２０１１（平成23）年3月末日現在の女性部員（かがやき部会員）は１６８３人、そのうちの45歳未満の人たちがつくるフレッシュミズの会「スマイル」には１１３人が加入している。また、高齢者生活支援を行なう助けあい組織として「あすなろ会」が設立されているが、これには女性部員のうちの３６７人が会員登録している。

ＪＡ紀の里の女性部活動の特色は小学校との連携にある。管内には全部で22の小学校があるが、毎年、女性部と農協が一緒になって校長会に協力の呼びかけをしてさまざまな活動を展開している。呼びかける活動の第一は、5年生を対象とした「子ども料理教室」の開催である。２０１１（平成23）年度は19校39クラス、１１２６人が参加して実施された。

この子ども料理教室は、地元でとれた米、野菜、果実を使って、子どもたちが料理をつくり、小学校での試食と自宅への持ち帰りをするという企画である。メニューは「いちご大福」「スイートポテト」「こんにゃく」「ごはん・みそ汁」の4つであるが、そのなかから好きなものを1つ選んでもらい、2限分の時間をかけて子どもたちにつくらせる。4つのメニューのうちで圧倒的に人気があるのが「いちご大福」であるが、これを女性部の食農リーダー10人程度と農協職員1人が1チームを編成し、5～6人の子どもたちに対して2人の先生役を配置して実施される。現在、食農リーダーは87人いるが、支所単位に食農リーダーを派遣するため、支所によっては毎日出っぱなし、あるいは1日に2クラスをこなす食農リーダーもいるという。

小学校との連携の第二は、バケツ稲、書道・交通安全ポスターコンクール、ちゃぐりん読書感想文コンクール、アグリキッズスクール、学童農園などの取組みである。これらは女性部単独ではなく、青年部、農協職員との連携のもとで行なわれる。

子ども料理教室と同様、バケツ稲も管内の小学校5年生を対象に行なわれているが、2011（平成23）年度は6校、374人の子どもたちが参加して実施されている。農協側は先生たちにつくり方を教え、その後はときおり様子を見に行くだけなので、実際の負担は少ないとされる。

書道・交通安全ポスターコンクールはJA共済、ちゃぐりん読書感想文コンクールは家の光協会が主催するコンクールを、農協と教育委員会の共催で実施している。子どもたちはこれらを夏休みの宿題として提出し、紀の川市と岩出市の教育委員会が審査、表彰している。書道・交通安全ポスターはJAまつりの会場で展示され、読書感想文の応募者は毎年、全国コンクールにおいて優秀な成績をおさめている。

アグリキッズスクールは2011（平成23）年度から開校されたもので、7月から翌年の1月までの期間、毎月1回、合計7回の体験プログラム――夏野菜の収穫、ニンジン・ジャガイモの植付けと収穫、稲刈り、ミカン収穫、カレーづくり、餅つき、黒豆きなこづくりなどが用意されている。現在、第一期生として小学校3～5年生31人が参加している。

学童農園は、ほかの農協にはないJA紀の里に特有のもので、小学生たちが自らダイコンを生産し、販売に取り組むという企画である。収穫したダイコンを洗って荷づくりをし、1本1本のダイコンにメッセージをつけ、ファーマーズ・マーケット「めっけもん広場」で販売する。めっけもん広場がある旧打田町の2つの小学校で実施されているが、お客さんたちはかならず足を止めて買っていくという。

一方、女性部独自の取組みとしては、女性大学、支部対抗運動会、親睦旅行、高齢者生活支援などが行なわれている。このうち、女性大学は1期2年間のカリキュラムのもと、公募に応じた先着40人を対象に実施される。現在は第5期生が受講しているが、各期合計27回の授業（講義と実践）が組まれている。講師は専門家のほかに女性部員が務めるが、登場回数が最も多いのが女性部長である。公募は20〜40歳の地域住民を対象とし、新聞の折込み広告を使って募集する。保護者が受講しているあいだ、女性部員が隣室で保育サービスを提供する。応募者は地区外からの転入者が多いそうで、友だちの少ないことが応募理由の一つになっているようである。修了後にはフレッシュミズの会「スマイル」への加入を呼びかけているが、かならずしも全員が加入するわけではないという。

以上からわかるように、JA紀の里の女性参画ならびに女性部の活動は非常に活発である。しかし、これはJA紀の里だけにかぎったものではない。和歌山県全体が活発なのである。

2012（平成24）年3月末現在、女性正組合員は1万9456人で、正組合員の27・3％が女性である。また、女性准組合員は5万1914人で、准組合員の45・8％が女性である。また、女性総代は685人で、総代の13・2%が女性である。さらにはまた、女性役員は28人で、1農協当たり2・8人が女性である。言い換えれば、県全体でみても、和歌山県は三冠王になっているのである。なお、和歌山県全体の女性組織の会員数は1万642人で、女性組合員に対する組織率は14・9%となる。女性組織の会員数そのものは毎年200人程度（1農協当たり20人程度）減少している。会員数よりも活動内容のほうが重要とはいえ、魅力的な活動が行なわれていれば、会員数も増加すると考えられるので、今後は若いお母さんたちが活躍できるような場を数多く設けることが期待される。

2 JAいわて花巻との姉妹提携

(1) ファーマーズ・マーケットを通してのモノ、ヒト、情報の交流

JA紀の里のファーマーズ・マーケット「めっけもん広場」は全国屈指の実績を誇っている。2010（平成22）年度の年間販売高28億円、来店客数82万人（1日当たり2931人）、平均客単価3122円、登録出荷者数1317人は、そのどれをとってもすぐれた実績といってよい。大消費地・大阪から最短距離の果樹産地（モモ、カキ、カンキツ類など）であることが、この結果をもたらしている。

この「めっけもん広場」が開場したのが、2000（平成12）年11月である。それに先だって、そ

の年の2月、めっけもん広場の店長が、旧JA花巻の「母ちゃんハウスだぁすこ」へ長期研修に出かけたのが、JA紀の里とJAいわて花巻の交流の始まりである[1]。母ちゃんハウスだぁすこは、1997（平成9）年6月に開場しており、めっけもん広場からみると大先輩にあたる。否、全国的にみてもファーマーズ・マーケットの草分け的存在であった。そこに教えを乞うために長期研修に出かけたのである。めっけもん広場の店長が「こんなうまいリンゴは初めて食べた」、だぁすこの店長が「こんなうまいミカンは初めて食べた」。この両者の感激が、その後のモノの交流、ヒトの交流、情報の交流の始まりである。

モノの交流は、たとえばJA紀の里からみれば、品揃えをよくするために、全国27のファーマーズ・マーケットへ地元の産品を出荷し、全国20のファーマーズ・マーケットから自慢の産品を集荷しているが、そのうちの重要なパートナーとしてJAいわて花巻を位置づけたことを意味する。一方、JAいわて花巻からみれば、JA紀の里へ米とリンゴを送り、JA紀の里からミカンとカキを受け取るという、互いにないもの同士をやりとりすることを意味する。じっさい、毎年10月末の土日に開催する「JAいわて花巻農業まつり」では、10t車1台分のミカンとカキを売り切っているという。ふだん食べなれていないおいしいミカンとカキを、両農協の役職員がテント前に並んで販促をするのだから、来た人たちが買わずにはいられなくなるという趣向である。

こうした交流をよりいっそう促進するために、両農協は2001（平成13）年11月19日、JAいわて花巻の役員たちがJA紀の里を訪れ、姉妹提携の調印を行なった。その交流計画によると、

「紀の里農業協同組合と花巻農業協同組合は、各々の地域の特性を活かしながら相互に交流を深め、地域の発展に寄与するため下記の事項を推進する。

1. 地域農業の振興と生産技術交流
2. 生活文化や情報の交流
3. ＪＡ運営及び組織活動、役職員の研修交流
4. 地域の物産交流
5. その他交流に関すること」

とされている。

この計画に従って、最初はモノの交流から始まったが、ついでヒトの交流にすすみ、さらには情報の交流にいたった。そのヒトの交流についても、最初は役員の交流から始まり、ついで職員の交流、さらには生産部会や女性部などの組合員の交流へと広がった。こうした多様な人びとが交流することによって、交わされる情報も多様なものになっていったのである。

情報の交流で最初にやりとりされたのは、ファーマーズ・マーケットの運営方法、施設投資の判断、地場産品の積極的活用による商品開発など、目に見えるものの情報が中心であったとされる。しかし、ヒトの交流がすすむにつれて、次第に目に見えないものの情報のやりとりが始まった。そのなかで最もインパクトの大きかったのは、女性部の交流による情報のやりとりであった。ＪＡいわて花巻の表現によると、ＪＡ紀の里の女性部のもつ雰囲気はいわば「異文化との出あい」とも言

えるような衝撃的なものであったという。

この衝撃的な出あいから生まれたものは、①女性総代が増えると女性部の参加・参画意識が高まり、その実践を通して農協全体の雰囲気が変わることを学んだ、②じっさいに女性総代の拡大が求められるようになった、③女性リーダーの世代別育成の重要性が理解されるようになった、④女性部のイニシアティブによる地元産品の利用拡大が積極的になった、などとされる。

(2) 都市・農村交流へのシフト

JAいわて花巻では、JA紀の里との姉妹提携を一つのきっかけとして、大都市圏の農協との提携がすすんでいる。2010（平成22）年7月にはJA横浜と姉妹提携を結び、2011（平成23）年11月にはJA東京むさしと友好提携を結んだ。さらにはJAあいち知多（げんきの郷）とも友好提携を結んでいるという。これらの農協とのあいだでは、モノの交流もさることながら、ヒトの交流のほうがより大きな意味をもっている。大都市圏の農協から子どもたちを受け入れ、農業・農村体験、自然体験の場を提供するという「都市・農村交流」がそれである。

JAいわて花巻では、これを提案型グリーン・ツーリズムと呼んでいるが、そこでは、①「産地直送の旅づくり」として、農協が提案し、農協ファンとなる人をターゲットに募集する。地元の人が考え、運営し、利益を得る。②地域の強み・弱みを把握するために、地域のファンとなる人とよい関係をつくる。交流先をターゲットにファンづくりを拡大する。③メニューとして、食育、農業体験、伝統文化交流、自然体験、伝統食・食文化交流などを用意する、などとしている。

そのための運営組織として、JAいわて花巻生活ふれあい課を事務局とする「はなまきグリーン・ツーリズム推進協議会」を設置し、その受入れ組織として「はなまきグリーン・ツーリズム受入農家の会」「いしどりやグリーン・ツーリズム受入農家の会」「大迫町グリーン・ツーリズム受入農家の会」「東和町まちむら交流推進協議会」などを育成してきた。この取組みは2000（平成12）年度から始まっているが、2010（平成22）年度の農村体験受入れ実績（宿泊をともなう農村体験）は、生徒数1902人、受入れ農家数のべ462戸にのぼると報告されている。

生徒の大半は、首都圏をはじめとする都市部の修学旅行生であるが、受入れ農家側からは、彼らを迎え入れることによって「感動の交流があった」「やりがい、高齢者のいきがいになっている」などの意見が農協によせられている。

JAいわて花巻によれば、農協が都市・農村交流をすすめることで、①農業・農村、食の大切さを次世代の消費者である子どもたちに伝えられるようになること、②農協事業としての即効性はないが、体験料などを農家組合員へ還流することにより農外収入を提供できるようになること、③農家と農協とのあいだで信頼関係が築けるようになり、地域に根ざした農協づくりが可能になること、などの好ましい結果が得られるとしている。

農協の行なう事業ないしは協同組合の行なう事業の特徴は、「仕事おこし」という経済的な側面と、「コミュニティづくり」という社会的な側面をあわせもつことにある。当然ながら都市・農村交流もその性質を備えており、農協のみならず、そのあっせんを行なう連合会、たとえば農協観光の果たす役割も大きいと考えられる。

一方、都市・農村交流の取組みはＪＡ紀の里でも同様にすすめられている。ＪＡ紀の里では２００４（平成16）年に「都市と農村の交流拠点構想」を策定し、①農家レストラン、体験農園、加工体験施設、田舎ウォークなどの施設・機能の充実をはかること、②体験農業の事業化にあたって、目的の明確化、受入れ農家の組織化、マニュアルの策定、メニューの豊富化をすすめること、などの対策を定めた。この交流拠点構想をもとに「ＪＡ紀の里体験農業部会」が設置され、その事務局を生活部が担っている。現在の会員数は20人であるが、その大半を女性が占めている。

この交流拠点構想で定められた都市・農村交流の目的は、「産地ファンづくり、交流人口拡大による地域の活性化」にあるとし、そのために必要なことは、「本ものの農業の魅力をつたえる」「食の重要性をつたえる」「人と人のふれあいのすばらしさをつたえる」ことにあるとしている。

ＪＡ紀の里の農業体験は、果樹、野菜、米、花きなど25品目にわたり、四季を通して何らかの作業体験ができるようになっている。そのためのパンフレット（農作業カレンダー）もわかりやすくつくられている。また、食体験については、昼食づくり、ジュースづくり、桃のかき氷づくり、梅酒づくり、ジャムづくり、自ビールづくり、アユぞうすいづくり、餅つき、あんぽ柿・つるし柿づくりなど11メニューが用意されている。さらにはまた、クラフト体験としては、炭焼き体験、草木染め体験、キノコの菌付け体験など８メニューが用意され、アウトドア体験についても自然体験・

歴史散策、沢登り体験の2メニューが用意されている。

大阪からの受入れが多いため、日帰り客が多く、宿泊可能な農家は3戸だけであるが、農業体験では2009（平成21）年度は2120人、2010（平成22）年度は2007人の子どもたち（保護者を含む）を受け入れている。その子どもたちが農業体験後に食べるお昼のお弁当は、「桃《とう》りゃんせ夢工房」が地元産にこだわったものを提供している。この桃りゃんせ夢工房は、桃産地「紀の川市桃山町」のモモ栽培農家の主婦たち40人が組織したものである。

(3) 東日本大震災時の助けあい

従来から姉妹提携、友好提携を結んでいたことで、JA紀の里、JA横浜、JAあいち知多（げんきの郷）などからJAいわて花巻へ義援金や支援物資が送られた。たとえば、JA紀の里からは、3月19日にビタミンCの補給用としてハッサク500ケース、ハッサクの缶詰500ケースが送られたという。これにあわせて、JA紀の里女性部からは、オムツ、使いきりカイロ、生理用品などの生活用品をつめたダンボール203箱がJAいわて花巻女性部へ送られた。現地との連絡がとれたのが3月16日、支援物資を集めたのが3月18日、トラックが出発したのが3月19日であった。生理用品が不足しているとの連絡が入り、急いで対応した結果であったという。

こうした支援に対して、JAいわて花巻からは自らの農協内の支援活動も含めて深く感謝するとの意向が表明されている。①農協内の支援活動として、花巻地域、西和賀地域、北上地域から遠野地域の被災地へ向けて各家庭から白米一升ずつを集めて、46tの炊きだし用の米と水と燃料が送り届けられたが、そのことが被災者に勇気と感動をもたらしたこと、②こうした支援活動は協同組合原則（相互扶助）そのものであり、協同組織の原点とみなせること、③きずな社会は農協そのものであること、などを実感できたとしている。東日本大震災から農協人が学ぶべきことは、「平時の交流があってこそ有事の交流がある」ということであり、その意味からも農協間の日常的交流は、いま以上に活発化していかなければならないと考えられる。

3　トップリーダーに求められる経営力（構想力）

農村においても、「誰もが、誰もを知っている」という地縁型、血縁型の地域社会の性質は失われつつある。これを元にもどそうと努力するよりは、新しい地域社会の形成へ向けてその歩みをすすめることのほうが重要と思われる。よく知られているように、人と人とのつながりには結束型と橋渡し型があって、この両者のバランスをとることが大切である[2]。都会と同じように結束型が弱まって何もなくなるというのではなく、結束型を維持しながらも新たに橋渡し型をつくる努力が必要である。

農協というテーマコミュニティ（機能的集団）もその例外ではなく、内部へ向けた結束型を強調するだけではなく、外部へ向けた橋渡し型をつくる取組みが重要となる[3]。農協間の姉妹提携、それも同質の農協間の姉妹提携ではなく、異質な農協間の姉妹提携がその有力な方法として位置づけられるべきであろう。

ＪＡいわて花巻とＪＡ紀の里、ＪＡいわて花巻とＪＡ横浜などは、協同組合としてめざすところは同じであっても、立地条件や農業条件において、異質な農協間の姉妹提携の事例とみなせる。これと同じようなタイプの姉妹提携としては、ＪＡえひめ南とＪＡいわて中央、ＪＡえひめ南とＪＡ栗っこがあげられる。そこでは、モノの交流、ヒトの交流、情報の交流を通して、組織を超えた仲間づくり、職員・組合員教育、事業拡大などの面で協同の成果が生みだされている。

農協と連合会という縦の関係づくりも協同組合間協同の一つのタイプである。と同時に、農協と農協、農協と生協、農協と労協などの横の関係づくりも協同組合間協同のもう一つのタイプである。これまでの農協運動は連合会頼りの面が強かったが、これからの時代はこれをもっと柔軟に考えて、多様な横の関係づくりがはかられなければならない。この多様な関係づくりこそ、農協独自の手づくり運動の真価が問われる部分であって、その農協が備えている能力に応じて異なった成果が生まれてくると考えられる。地域農業の振興、食農教育、高齢者対策、組合員教育、次世代対策などを含めて、地域社会に責任をもつ協同組合として、どのような取組みを行なうかが決定的に重要な意味をもつだろう。この点について、林正照ＪＡえひめ南代表理事組合長（現ＪＡ愛媛中央会長）はつぎのように述べている(4)。

「そもそも、このようなＪＡ同士の協同組合間交流がこれまでできなかったところに問題があると思うんです。これまでＪＡは生産指導に専念して、販売は系統組織で総括するという歴史的な役割分担がありますね。これがJA間協同ができなかった最大の原因だったのではないでしょうか。

そういう中で、以前からJAえひめ南の理事会でも他のJAと交流したいという意見が出て、それなら立地条件の違うところがいい、と。というのはやはり意識改革ですね。同じような条件の地域と交流しても意識改革はし難いですからね。私は意識改革のヒントは4つあると思っているんです。

まずは固定観念や成功観念などを捨ててゼロから考えること、2つ目は異業種と接触すること、たとえばお菓子をつくる時のヒントを引用すれば農業経営や販売戦略に生かせますね。3つ目は若者や女性の声を聞くこと。最後は性格の違う人と話をして、反論してもらうということですね。

直接のきっかけはいわて中央さんとは、家の光協会のトップフォーラムで一緒になったり、栗っこさんとは平成13年に家の光文化賞奨励賞、翌14年に文化賞を同時に受賞したとか、ともに伊達正宗ゆかりの地というストーリー性があるなどの理由もありましたが、最終的には両JAともJAえひめ南にはないものを持っているということで、提携を決めました。

組織が交流するというのは、自分のところでは思いつかないものや知らないものが入るし、自分たちのJAに欠けているものを発掘できるというのが非常に大事ですね。」

林会長が述べていることは、まったくそのままJA紀の里とJAいわて花巻の事例にもあてはまる。農協のトップリーダーにいま求められていることは、ここで述べられているような経営力（構想力）にあるといってよいだろう。

注

（1）旧ＪＡいわて花巻は２００８（平成20）年5月1日、とおの、きたかみ、西和賀の3農協を吸収合併し、新生ＪＡいわて花巻を設立した。時間の経過で、旧ＪＡいわて花巻と新生ＪＡいわて花巻を使いわけなければいけないが、煩雑さを避けるため、以下ではすべてＪＡいわて花巻に統一して記述している。

（2）結束型（bonding）、橋渡し型（bridging）は、ハーバード大学の政治学者、ロバート・Ｄ・パットナムのソーシャル・キャピタル（社会関係資本）の概念に従うものである。結束型は相互に類似性の強い者同士の結びつき、橋渡し型は他者性の強い人びとの結びつきを表している。ロバート・Ｄ・パットナム『哲学する民主主義』（河田潤一訳、ＮＴＴ出版、２００１年）を参照のこと。

（3）コミュニティとは、『英語語源辞典』（研究社）によれば、コム＝「〜とともに」「まったく、完全に」と、ユニティ＝「単一（性）」「（感情・気分などの）一致」の合成語である。これらをあわせると、コミュニティとは「感情・気分の完全なる一致」、すなわち「文化的・社会的規範を共有する人びとの集まり」を意味することになる。そして、このコミュニティのなかには、生活地域を共有する「ローカル・コミュニティ」と、関心や思いを共有する「テーマ・コミュニティ」の両方が含まれている。ここで、ローカル・コミュニティとは町内会・自治会、農業集落などの基礎的集団を表し、テーマ・コミュニティとは協同組合、ＮＰＯ、小さな株式会社などの機能的集団を表している。詳しくは石田正昭編著『農村版コミュニティ・ビジネスのすすめ―地域再活性化とＪＡの役割』家の光協会、２００８年、28〜29ページを参照のこと。

（4）座談会「ＪＡ間協同で新たな可能性を拓こう」農業協同組合新聞、２０１０（平成22）年10月28日号。

第10章　女性部パワーで地域社会を活性化するには

――ＪＡ静岡市・アグリロード美和の事例

1　女性が主役の農村版コミュニティ・ビジネスの展開

前章でファーマーズ・マーケットやグリーン・ツーリズムなど、農協ないしは協同組合の行なう事業の特徴は、「仕事おこし」という経済的な側面と、「コミュニティづくり」という社会的な側面をあわせもつと述べた。このばあい、その主役を農協ないしは協同組合ではなく、組合員組織（志を同じくする仲間たち）が担うようになると、その取組みは「農村版コミュニティ・ビジネス」と呼ばれるような内容をもつことになる。(1) 本章で紹介するＪＡ静岡市のアグリロード美和はまさにそのような事例であって、ＪＡ女性部美和支部の方がたがファーマーズ・マーケットを自主的、自律的に運営している。

女性が主役の農村版コミュニティ・ビジネスの意義は、イエ社会、ムラ社会のなかに閉じ込められがちな農村女性たちが、「自分の生きかたを自由に選択し、自分の人生を自身で設計し、その結果、自信と充実感をもってくらしていくこと」を可能にするという意味で、農村女性の地位向上を約束するものであるという点に求められる。[2] のみならず、女性の感覚を生かし、生活者の視点に立ったさまざまな取組みを行なうことによって、これまでの常識を打ちやぶるような成果をもたらす可能性も大きいという特徴をもつ。

たとえば、農村女性たちは身の丈にあった経営を展開することから、「農村女性起業には赤字がでない」という特徴がある。[3] その理由は、第一に全員が経営者であるため、経営状況をみて給料を設定すること。第二に主な原材料を自己調達すること、したがって起業の準備資金は最小限に抑えられること。第三に借金をしないこと。女性起業家は借金が大きらいである。設備投資を最小限に抑え、無駄な借金はしない。できるだけ自己資金でまかなおうとする。第四に地域ネットワークの強みを生かし、土日、休日に集中する労働需要の波をうまく調整すること、などにあるとされる。

のちに述べるように、アグリロード美和もこうした特徴をもっている。と同時に、アグリロード美和にはもうひとつの大きな特徴があって、それは撤退した農協のAコープ施設を借りてファーマーズ・マーケットを運営しているという点である。[4] すなわち、JA事業としては成立しがたい食料品主体の店舗経営というものを、農村女性たちがもののみごとに成功させたという点に求められる。

JA女性部にかぎらず、地域の人びと、たとえば旧村を単位とした地域協業体（集落型農業法人）

が、農協支所の統廃合や事業部門廃止にともなう不稼働資産を活用して農村版コミュニティ・ビジネスを展開している事例は数多い。具体例をあげれば、京都市右京区（旧京北町）の「おーらーい黒田屋」、南丹市（旧美山町）の「ネットワーク平屋」「大野屋」「タナセン」「知井の里」、京丹後市（旧大宮町）の「常吉村営百貨店」などは、合併によって廃止された農協支所の利用が法人設立の重要な契機となっており、それまで行なわれてきた店舗経営を集落型農業法人の立ちあげによって継続している事例である。また、旧京北町の「山国さきがけセンター」や福知山市の「みたけ農産」は、店舗経営は行なっていないが、農協の広域合併による支所廃止後の運営や施設利用が地域に投げかけられたことが設立の契機となっているとされる(5)。

何から何まで農協が事業をやることが望ましいわけではなく、組合員の力を引きだし、組合員自らの協働で事業を成立させることは、人びとによる協同の幅を大きくするものであり、大いに奨励されて然るべきである。利用を中心に組み立てられる農協事業は「大きな協同」であるが、協働を中心に組み立てられるコミュニティ・ビジネスは「小さな協同」あるいは「新たな協同」という意味をもち、「仕事おこし」と「コミュニティづくり」を両立させる人びとの自発的協力の取組みとして、今後よりいっそう促進されるべきである。序章の表現でいえば「社会的経済」そのものであり、現代社会に最も求められている事業態様といってよい。

ただし、そのような取組みに「大きな協同」である農協が積極的に関与することが重要である。農村を舞台に、農と農的資源を活用しながら、農協組合員が行なう「小さな協同」に対して、情報の受発信、資源や技術の仲介、資金の仲介、人材の育成、マネジメント能力の向上、対内的・対外的なネットワークの形成、活動・事業主体の評価、コミュニティの価値創出など、中間支援者（インターミディアリー）が担うべき機能を農協が提供することが重要である。

2　アグリロード美和の成立と発展

(1)「求める力」と「応える力」

組合員の参加・参画は協同組合にとっての命綱であるが、それは協同組合であれば自動的に与えられるものではなく、組合員と役職員の双方の努力によって獲得されるべきものである。わかりやすく言えば、組合員に「求める力」があり、役職員に「応える力」があって初めて、参加・参画の程度、したがって協同組合の有用性の程度は高まると考えられる。「求める力」が大きければ大きいほど、「応える力」も大きくなるという性質がある。アグリロード美和の取組みは、より高いレベルの「求める力」と「応える力」の相互作用のなかから生まれてきたという経緯がある。

1995（平成7）年の初夏の頃、JA静岡市女性部（当時は農協婦人部と呼ばれていた）の美和支部長から、美和支所長に「このままでは部員が減少し、解散するしかないよ。もう何部落か解散話がでているよ」、だから「支所長なんとかしてよ」という要望があがってきたとされる。このときの美和支部長が、のちにアグリロード美和の代表者となる海野フミ子氏、そして、美和支所長が海野氏の相談役となった望月正巳氏である。この話はちょうど彼女が美和支部長に就任したての頃の話である。

望月支所長はこう答えたという。「いままでは農協運営のもと、購買事業の注文とり、信用事業支援など、農協指導中心でやってきたが、これからは部員の声、要望を大切にし、部員を中心とした自主運営を基本に再構築を検討しましょう」と。そこで立ち上げたのが女性部組織再編プロジェクトチームであった。構成メンバーは地区代表者15人とJA職員（美和支所長、北部営農センター長、北部営農センター職員）5人で、1997（平成9）年4月からの新体制発足をめざして準備、検討をすすめることとした。

プロジェクトチームでは「家の光」や「日本農業新聞」などをテキストとし、全国の先進事例を学ぶとともに、部員の要望を聞くアンケート調査を実施した。その結果、非常に強い声としてあがってきたのが朝市と農産品の加工・販売であった。美和地域はミカン、茶、米の産地であったが、ミカンと米はすでに生産調整の対象となっており、お茶も販売不振が続いていた。ミカン、米に代わる何かをつくらないと、家計が回っていかないという状況に追いこまれていた。ただし、静岡市とはいっても農村地帯に位置する美和地域では、朝市をやってもそんなに売れるものではない。加工品をつくらないと売上げは伸びないということになって、農協に加工センターをつくってもらおう、米もたくさん残っているから、米を加工に回してみんなに買ってもらおうという結論に達した。

加工センターの設置について、農協側も簡単には「うん」とは言わなかったようである。茶づくりに忙しい農村女性たちが「加工場をフル稼働させるのは無理だ」という回答だったとされる。「そんなことはない。わたしたちが頑張ってやるから、とにかくつくってくれ。あとの運営は私たちにまかせてくれ。姑たちから教わってきた昔からの伝統食だとか、米を使ったものつくるから」とお願いにお願いを重ねたという。

当時の美和支部の女性部員は198人。朝市の出荷者を募ったところ、そのうちの約100人が手をあげてきた。また、加工場も県の補助金を使えば何とかなるということもわかって、支所の裏にある空き店舗の3分の1を使って加工センター（66㎡）をつくることが決まった。1996（平成8）年12月7日には早くも朝市と加工センターがオープンしている。当時のJA静岡市の組合長は鈴木脩造氏で、鈴木氏は合併前の美和農協組合長、つまりは地元の農協組合長を経て、静岡市農協の組合長、静岡県農協中央会会長、家の光協会会長を歴任した根っからの協同組合人である。このよき理解者を得て、朝市と加工センターが立ち上がったのである。

最初の2年間は土日だけの朝市で、農協の軒先を借りて営業した。オープン2日目の記録によると、半日の営業だけで弁当などの加工品が3万3850円、会員たちが持ち込んだ野菜などが6万1850円、合計で9万5700円になったそうである。朝市と加工は日替わりで担当グループが入れかわるため、この日の担当グループは、オープン翌日で売上げが落ちることを心配していたが、上々の成果を得たということで、びっくりしたり喜んだりしたとの記録が残っている。その後も売上げは落ち込まず、出番が回ってくるグループに対して8500円の日当を支払うことができたとされる。

1998（平成10）年11月からの8年間は、建屋は同じであるが、Aコープのとなりの薬局が撤退したために、そこを借りて営業を続けた。33㎡の小規模店舗であったが、これを機に年中無休の朝市に転換し、年間1000万円の売上げを8000万円まで伸ばした。さらに2007（平成19）年3月には、Aコープ自体が撤退したため、そこを借りて営業を始め、それは現在も続けている。売り場面積は297㎡と9倍になったが、売上げはそれに比例しては伸びずに1億1000万円程度とされる。1か月の家賃は店舗が5万円、加工センターが7万円である。2014（平成26）年度には美和支店がリニューアルオープンされるが、その一角に常設店舗を構えることになっている。その移転費用として、現在、1000万円を目標に資金を積み立てている。

100人の出荷者でスタートしたが、最高時は190人、現在は160人が朝市に出荷している。朝市の手数料は10～15％、レジには2～3人を配置し、8時30分から16時までの就労で時給700円とし、土日はパートを入れて対応している。法人化していないので、出荷者は個人ごとに税務申告をしている。加工センターは出荷者100人で9チームをつくり、輪番制でそうざい、弁当をつくる。チームの日当は2万5000円と決められている。じっさいに出てくるのは1チーム7～8人とされる。

こうした取組みのなかから、生消《せいしょう》菜言《なごん》弁当が生まれてきた。この弁当の名前は、清少納言の「枕草子」のなかに静岡市・小枯《こがらし》の杜に関する記述があることにちなんで名づけられた。「生」は生産者、

「消」消費者を意味し、生産者と消費者が意見を交わしながら生まれてきたという思いが込められている。すしと赤飯、煮もの、鶏肉のシソ巻き、茶きんしぼり、うりもみ、厚焼き卵、それに清少納言のお気に入りだったとされる「へいだん」（餅餤）などが並んだ豪華な弁当である。予約制のもと、１つ１０００円で販売されている。年間５０００食の注文をとるヒット商品である。

さらには、若手グループ〝お菓子の家〟がつくる「かぼちゃのカップケーキ」「せん茶サブレ」「紅ほっぺ苺がたっぷり入ったクリスマスケーキ」「ブッセ」なども商品化されている。これらは「家の光」を使って勉強した結果という。

お店には数かずの弁当やそうざい、お菓子などが並んでいるが、代表者の海野氏はこうした加工品について、「お弁当を食べることによって地域の雇用が生まれる。コンビニで売られているようなお弁当を食べていては、地域の雇用は生まれない」と、その趣旨を明快に説明している。

出荷者には「女性部に入る」「家の光をとる」という決まりがあるほか、「みんなで文化的な活動をする」ことをモットーにお芝居を観に行くなどのお楽しみが用意されている。海野氏は、ここは「仲間づくり、みんなの朝市」「あんたがさぼれば店はつぶれるよ」「つぶれてもいいのかい」「みんなでつくりあげた朝市だろ」「つぶすのは簡単だが、もう一回つくるのは大変」といって、仲間の結束を呼びかけている。

ＪＡ静岡市の女性総代の比率は22％であるが、美和支部のそれは33％と高い。女性部員が多いので、女性正組合員は減らない。女性部員が多い理由は、第一に朝市をやっていて、女性部員であることが出荷者の条件となっていること。第二に役員が中心となって魅力的な活動をやっていることにある。役員による提案のなかから、銭太鼓や絵手紙、ストレッチなどのサークルが生まれてきた。美和支部のモットーは自分たちが主体となった活動、やらされ感のない活動をやりきることにある。支部役員は10人であるが、輪番制ではなく、指名制をとっている。誰でもいいというわけではない。10人くらいだとまとまりやすいことと、選ばれた者は選ばれたという責任感から真剣にやるという伝統がつくられているためである。

こうした女性部の姿勢に農協側も理解を示していて、女性部が「こうしたい」「農協も応援してほしい」というと、それに応じた応援体制を整えてくれるという。とくに美和支所、美和営農センター（旧北部営農センター）とは密接な関係が維持されている。農協側も「組合員が黙っていたら、何をしていいのかわからない」と答えているそうであるが、農協側には自分たちではなし得ないもの、たとえば経営分析、イベント、パンフレット、ポップ、チラシの作成など、農家が考えるのとは違うアイディアを提供してもらいたいと考えている。

もちろん、農協への事業貢献も積極的に行なっている。売上げは定期積金にする、共済にも入る、ジュースなどの購買品をアグリロードで売る、利益還元の意味を込めて出荷者全員に農協の正月用品を配る、家の光も全員が購読する、などがそれである。まさにそこには「求める力」と「応える力」、あるいは「押す力」と「返す力」の相互作用を見てとれるのである。

(2) 社会的企業家としての海野フミ子氏

女性に年齢のことをいっては失礼だが、ここはご勘弁いただくとして、海野氏は1946(昭和21)年の生まれである。静岡大学キャンパスに近い市街化のすすむ地域の農家に生まれた。読書好きの女性であった。県の厚生連に勤めていたころ、青年団活動でご主人と知りあった。家族は大反対だったという。農村のど真ん中にある農家の嫁に入って、苦労することが目に見えていたからである。じっさいに来てみると、生地との違いにとまどったという。ムラのなかの結婚が多く、新しい文化が入りにくい土地柄であった。しかし、そうした彼女を支えてくれたのが、少数ながらもすすんだ意識をもつ女性たちとご主人であった。彼女が思うぞんぶん活動できたのも、仲間の女性たちとご主人の理解によるものだとしている。

ご主人が8人兄弟の末子だったため、高齢の姑に代わって農協女性部、地域婦人会に早くから出入りし、人脈ができた。この地域では農協女性部と地域婦人会は一緒だった。自分が所属する美和地区の会合で農休日にバレーボールをやろうと提案したところ、賛同者が出てきて、美和地区のみならず、美和支部全体(美和、内牧、足久保、松野地区)でバレーボール大会を開くことになった。これがその後のパワフルな女性部活動の始まりである。

農協女性部の美和支部長に就任したのは1995(平成7)年であるが、それに先だって1989(平成元)年に最初の役が回ってきた。そこで提案したのが、お茶会の開催であった。「この地域には祭りがない。お寺さんを使ってお茶会をやり、町の衆にも来てもらおうよ」と提案した。11月3日の「文化の日」にやることが決まった。お寺さんに相談したら、当日は葬式、法事を入れないと言ってくれた。お寺の外ではおでん、つきたての餅をふるまい、お寺のなかでは10人ほどの若い衆を訓練して、せん茶、抹茶をふるまうこととした。着付けも教え、着物を着させる。この祭りは現在も続いていて、「内牧大茶会」と呼ばれ、茶祖栄西禅師をしのんで献茶式も行なわれている。

最初は200人程度だったが、いまでは2000人以上が集まる一大イベントになっている。せん茶、抹茶のセットで500円のチケットを売る。美和や内牧から結婚して出ていった女性たちが子どもや友だちをつれてやってくる。駐車場には、おでん、やきそば、野菜、手づくりこんにゃくなどの屋台が並べられる。海野氏の決まり文句は「やめたら二度とできない」「やめるのは簡単」、それが長続きの理由だとしている。

当然、何かをやろうとすると、いろいろな文句が出てくる。文句が出てきても言わせておけばよい。そういう声は1～2年で消える。自分に自信のない行事はやらない。絶対にこの人は支えてくれるという人に相談する。それに自分の利益になることはいっさいやらない。利益はまわりの人にという精神でやっている。

こうした彼女の姿勢は、アグリロード美和を単なる朝市で終わらせないことにもつながっている。「モノを売るだけではだめだ。消費者を味方にしないと朝市は発展しない」。そんな思いから、2001（平成13）年に「生消菜言倶楽部」を立ち上げて、月1回、消費者と一緒に種まきから収穫までの農作業体験や、交流会を開いて、農業の現場を理解してもらう活動を行なっている。このときには農協職員も応援にかけつける。こうした組合員と職員が一緒になった地道な努力が、静岡市の中心地に住む人たちをアグリロード美和まで足を運ばせる原動力となっている。

さらには、アグリロード美和とJA青壮年部の美和支部が一緒になって、美和地域の小学校4～5年生を対象とした「生消菜言ジュニアフェスタ」を開催し、豆腐づくり、ビニールハウスの見学、地元産の食材を使った料理（ライスコロッケ、ポトフ、イチゴタルトなど）の試食会などを開いている。また、それとは別に、団地住民を対象とした料理教室や牛乳パックを利用したプランターづくり講習会を団地の集会所まで出かけていって開催している。

現在のところ、JA静岡市は「三冠王」ではない。女性総代は22％、女性理事は3人で男女共同参画の目標をクリアしているが、女性正組合員が20％にとどまっているからである。海野氏はその女性理事の一人であるが、彼女の尽力と男性理事たちの応援によって、女性正組合員比率よりも高い女性総代比率をかなり早い段階で実現させることに成功した。女性総代のよいところは、地区総代会の前にかならず勉強会を開き、質問事項をとりまとめることにある。たとえば、今年のテーマは高齢者対策にしようと決めると、誰だれさんはこんな質問、誰だれさんはあんな質問と、役割分担を決めて出席するそうである。そういう努力を払っていても、農協トップは農家出身者でないと組合員の声は聞こえないし、理事会もまとめられない。だから、農協トップを選ぶ理事たちの責任はきわめて重たいものがあるという。

彼女が理事になるにあたっては、２人の地区定員に対して、３人が立候補し、選挙になったという。「女性だから」「前例がない」「女性に頼むほど人材がいないわけではない」というのが、選挙になった理由である。海野氏のご主人も理事経験者であるが、そのご主人が彼女のよき理解者であったことが当選の原動力となった。ご主人は、現在、静岡市農業委員会会長の要職をこなしている。

こうした数かずの社会的企業家としての実績が認められて、海野氏は内閣府男女共同参画局が実施する２００７（平成19）年度「女性のチャレンジ賞」を受賞している。８人の受賞者のうち農業者の受賞は彼女ひとりだけであった。

3　「大きな協同」と「小さな協同」の関係性づくり

利用を中心に組み立てられる農協の事業を「大きな協同」と呼べば、地域の人びとがつくる協働の輪は「小さな協同」と呼ぶことができる。この小さな協同は、たとえば本章で述べたような朝市、加工、食農教育のみならず、集落営農、高齢者福祉、子育て、環境保全などの取組みもそのなかに含まれる。

序章で述べたように、レイドローの指摘以来、事業だけに関心をもてばよい、というのは現代の協同組合が求めるべき姿ではない。地域社会の発展に可能なかぎりで尽力するというのが現代の協同組合が求めるべき姿なのである。そのばあい、地域社会の発展にどのようにかかわるかが協同組合（大きな協同）にとって重要であるが、その最も標準的な方法は、組合員組織（小さな協同）と一緒に地域社会がかかえる諸問題の解決に取り組むというものである。

大きな協同と小さな協同の関係性について、考えられるタイプは3つある[6]。①大きな協同のなかに小さな協同を取り込むかたちの内包型、②大きな協同と小さな協同が連携するかたちの対等型、③大きな協同と小さな協同がそれぞれ別個に歩むかたちの分離型がそれである[7]。

①の内包型は、小さな協同を農協の事業として取り込むというものである。たとえば、農産品の加工・販売を農協が人を雇って行なうというのがその典型であるが、このばあいには事業の継続性、すなわち事業の採算性がきびしく問われることから、思うような行動がとれなくなったり、そこで働いている人びとも賃金労働者としての性格が強まり、自らの思いを仕事のなかで表現する意識が乏しくなるという欠点がある。

一方、③の分離型は、小さな協同の自主性、独立性が保障され、働く人が自らの思いを強くもって活動や事業に取り組めるという好ましい面はあるものの、その分だけ事業の継続性は乏しくなり、将来的に先細りになることが避けられないという欠点がある。また、しばしば大きな協同とのあいだで対立が生じ、地域社会において無用の混乱を引き起こす可能性もないとはいえない。

こうした事情を考慮に入れると、最も望ましいのは②の対等型ということになる。ただし、対等型とはいっても、小さな協同と大きな協同のあいだには力量の差が厳然としてあるから、小さな協同の「求める力」と大きな協同の「応える力」の相互作用、あるいは小さな協同の「押す力」と大きな協同の「返す力」の相互作用のなかで、よりよい方策を見つける作業が必要となる。こうした相互作用を生みだすには、両者のあいだに良好な人的関係と絶え間のないコミュニケーションが必要とされるため、大きな協同のなかによき理解者を確保することが成功の条件となることは言うまでもない。

本章で紹介したアグリロード美和は、その対等型の成功事例である。全国にこうした成功事例を数多くつくることが、農協が「地域社会に責任をもつ協同組合」として広く認知される出発点となるであろう。

注

（1）農村版コミュニティ・ビジネスの定義や意義、ならびに国内外の事例については、石田正昭編著『農村版コミュニティ・ビジネスのすすめ―地域再活性化とＪＡの役割』家の光協会、２００８年を参照されたい。

（2）川手督也「『農村版コミュニティ・ビジネス』実現に女性の果たす役割は大きい―農村女性起業の展開と地域農業・むらづくりへの女性の参画の必要性」『21世紀の日本を考える』39号、農山漁村文化協会、２００７年11月、４ページ。

（3）山本和子「女性だからできる真面目な『地産地消』しっかりと稼いで地域を活性化しよう―元気を呼び込む農村女性起業成功の鍵と地域農業活性化のポイント」『21世紀の日本を考える』39号、農山漁村文化協会、２００７年11月、21～23ページを参照のこと。

（4）海野フミ子「消費者に農業の理解を得ながら地元農産物やその加工品を積極販売―『生消菜言倶楽部

（せいしょうなごんくらぶ）』の取組みから」『21世紀の日本を考える』39号、農山漁村文化協会、2007年11月。

（5）北川太一編著『農業・むら・くらしの再生をめざす集落型農業法人』全国農業会議所、2008年、7ページ。

（6）大きな協同を購買生協、小さな協同を「新しい協同組合」とし、そのあいだの関連構造を類型化した研究として、岡村信秀『生協と地域コミュニティ　協同のネットワーク』日本経済評論社、2008年がある。詳しくは188～212ページを参照されたい。

（7）以上の分類は、石田正昭『ドイツ協同組合リポート　参加型民主主義―わが村は美しく―』全国共同出版、2011年、112～113ページにもとづく。

第Ⅲ部

ＪＡをつくる

第11章　支店を基点にJAをつくり変えるには

1　地域と農協支店の関係

地域社会というばあいの地域の概念はさまざまである。しかし、農協にとって重要な地域の概念というものはあって、それはつぎの三つである[1]。

その一つは、最も基礎的な村落共同体とみなせる農業集落である。もう一つは、1889（明治22）年の市制町村制の施行にともない誕生した明治合併村である。最後の一つは、1953・54（昭和28・29）年の市町村合併、これを「昭和の大合併」と呼ぶが、その直前の旧市町村である。

数量的にいうと、1970（昭和45）年農林業センサスで属地的にとらえられた農業集落は14万3000であったが、2005（平成17）年には13万5000に減少している。これに対して、明治合併村は施行直後の１８８９（明治22）年末には１万５８５９を数えたが、昭和の大合併直前の１９５３（昭和28）年10月には９８６８に減少している。この減少は、第二次大戦前の市町村合併によるところが大きかったが、そればかりではなく、第二次大戦後の学制改革のために市町村が中学校を管理する必要に迫られ、合併していったことによる。

ではなぜ、農協にとってこれら三つの地域の概念が重要なのであろうか。

まず農業集落についてであるが、それが基礎的な村落共同体を形成しているために、農協の組合員組織の基礎単位（通常、農家組合とか実行組合と呼ばれる）となっているからである。じっさい、２００９（平成21）年度の農水省『総合農協統計表』によれば、農協の集落組織は15万３６１４と報告されており、農林業センサスの農業集落の数とほぼ一致している。

つぎに明治合併村についてであるが、これが小学校区の範囲を形成しており、戦後の新生農協の数とほぼ一致するからである。新生農協がスタートした直後の１９５０（昭和25）年の農協数は１万３１１４であったが、これは明治合併村成立直後の１８８９（明治22）年末の１万５８５９とほぼ等しくなっている。つまり、戦前の産業組合をそのまま引きついだかたちの新生農協は、明治合併村ないしは小学校区とほぼ１対１の対応関係をもっていたことになる。

最後に昭和の大合併直前の旧市町村についてであるが、これがいわゆる「旧村」と呼ばれるものであって、中学校区の範囲を形成しており、現在の農協本・支店（あるいは本・支所）の数とほぼ一致するからである。昭和の大合併直前の市町村数は、すでに述べたように９８６８であったが、２００

9（平成21）年度末現在の農協本・支店数は9525となっている。

表11−1は、1960年代中頃からの農協の支店政策に関する主要指標を示したものである。この表からわかることは、第一に、1990（平成2）年頃までは本店・支店・出張所の総数が1万7000台をキープしていたことである。この数は小学校区ないしは戦後の新生農協の数とほぼ一致するものであり、組合自体は合併しても、店舗そのものは支店・出張所のかたちで存置されていたことを意味する。言い換えれば、戦前の農村産業組合は、この期間までは看板を塗りかえながらも地域において頑として動かなかったことを表している。

第二に指摘できることは、1995（平成7）年以降、本店・支店・出張所の総数が急速に減少し、1万店を割っていることである。その数は中学校区、すなわち昭和の大合併直前の市町村数とほぼ一致している。これは金融店舗設置基準にあわせて支店・出張所の統廃合がすすめられたことを表しているが、組合員からみると、戦前から続く組合員結集のシンボルを失ったことを意味しており、高齢の組合員ほど農協が遠くなったと感じる原因となっている。

言うまでもなく、この種の合理化は権限の集中（集権化）をもたらすのが普通である。この合理化は、表11−1からもわかるように、相対的に少数の本店職員が相対的に多数の支店・出張所職員をコントロールすることによって達成される。しかし、そのコントロールに成功すればするほど、支店・出張所の独自性は失われ、均一化した支店が生まれることになる。それにともない、「ふれあい」とか「親しみやすさ」といった地域密着型サービスを期待する組合員たちは違和感を覚えるようになり、農協から離れる遠因となっている。

こうした集権化の弊害ばかりではなく、効率的経営ならびにコンプライアンス経営の徹底という観

表11－1　支店政策に関する主要指標（1966～2009年）

西暦年	全国合計			1農協当たり				1支店・出張所当たりの職員数
	市町村数	農協数	本店・支店・出張所の総数	支店・出張所数	職員数	本店の職員数	支店・出張所・事業所の職員数	
1966（昭41）年	3,372	6,975	17,889	1.6	30.7	20.6	10.2	6.5
1970（昭45）年	3,280	5,996	17,423	1.9	41.3	25.4	15.8	7.1
1975（昭50）年	3,257	4,765	17,682	2.7	56.9	31.3	25.6	7.7
1980（昭55）年	3,255	4,488	17,663	2.9	63.8	34.1	29.7	7.9
1985（昭60）年	3,253	4,242	17,495	3.1	70.0	36.1	33.9	8.0
1990（平 2）年	3,245	3,591	17,317	3.8	82.8	39.5	43.4	8.3
1995（平 7）年	3,234	2,457	16,623	5.8	121.1	48.9	72.2	9.0
2000（平12）年	3,229	1,424	15,217	9.7	189.1	62.8	126.3	9.1
2005（平17）年	2,395	907	12,143	12.4	256.9	76.3	180.6	9.7
2006（平18）年	1,820	865	11,047	11.8	263.2	77.7	185.6	10.4
2007（平19）年	1,804	841	10,169	11.1	268.7	79.1	189.6	11.1
2008（平20）年	1,787	794	9,815	11.4	282.2	80.6	201.6	11.5
2009（平21）年	1,773	765	9,525	11.5	291.9	83.9	208.0	11.8

資料：１．総理府『全国市町村要覧』（平成21年版）
　　　２．農林水産省『総合農協統計表』（平成21事業年度）

点から、金融・共済事業は支店に、営農・経済事業は営農センターに、というかたちの事業拠点の分離がすすめられ、総合経営とはいうものの、実質上、事業の縦割化が進行している点も見逃してはならない。組合員経済では金融・共済と営農・経済は一体化しているものの、農協ではそれらが分離しているために、組合員からみれば支援体制がばらばらな印象を受けることになる。支店で営農やくらしの相談をしようと思っても通じない、そんな状況がつくりだされている。とりわけ、コンプライアンス経営の関係から支店職員の異動がひんぱんに行なわれるようになってからは、農協にとっての基礎的集団である農家組合とか、農家組合によって組織された小規模農家たちが疎外感を感じるようになっている。

総合農協を総合農協として本来的にとらえるならば、組合員と組合員たちが日常的に訪れる支店とは一体の関係をつくりださなければならないであろう。とすれば、バックヤード的な機能をもつ部署（本店ならびに集出荷場、物流センターなど）はこれを専門化しつつ、フロント的な機能をもつ部署（金融窓口ならびに営農とくらしの相談窓口など）はこれを総合化して、機能の再整理をはからなければならない。すなわち、支店の金融店舗化はこれをストップする、あるいは金融店舗＋α《アルファ》化をすすめることが必要となっている。

こうした判断は、２０１２（平成24）年の第26回ＪＡ全国大会組織協議案でも共有されていて、金融窓口に営農とくらしの相談窓口を追加設置したような中学校区単位の支店づくりが提案されている。それは第7章で述べたＪＡ兵庫六甲をイメージさせるものである。逆にいえば、営農とくらしの相談窓口を設置できないような小学校区単位の金融支店は、これを統廃合の対象とし、中学校区単位の金融店舗＋α《アルファ》の支店につくり変える必要があることを表している。そして、そのばあいの本店と支店の役割分担については、組合員ならびに組合員組織を主役（俳優）とすれば、本店は総合企画機能をもったプロデューサーとしての役割を発揮し、支店は監督・演出機能をもったディレクターとしての役割を発揮することが求められている。

2　支店協同活動はなぜ必要か

広域合併農協において、支店の統廃合は現在進行形のかたちですすめられている。また、金融・共済事業は支店に、営農・経済事業は営農センターに、というかたちの事業の縦割化も同時並行的にすすめられている。こうした体制がなぜまずいかというと、専門性を追求するあまり、職員同士の関係性が失われ、自分に与えられた職務だけにしか興味・関心を示さなくなるような職員が横溢することである。そう遠くない将来に、支店は金融マンで覆われ、営農センターは商社マンで覆われるような危惧をもたざるを得ない。農協人として最も肝心な協同組合人としての素養がみがかれないまま、偉くなっていくことが恐ろしい。

支店は、事業組織の拠点でもあるが組合員組織の拠点でもある。その支店がたえず統廃合の対象とされるということは、組合員と組合員の関係、あるいは組合員と職員の関係もまた統廃合ないしは再構築の対象となっていることを意味する。組合員にあっては、統合された支店の範囲において、面識のない者同士が相互理解を深めるなかで、新しい関係性を構築し、新しい組織を形成していかなければならない。それは大変な時間と労力を要するものである。こうなると、組合員組織の拠点としての支店の形式は整うかもしれないが、その実体ないしは内実は弱まることが避けられない。

一方、支店と営農センターの分離は、金融・共済事業の拠点と営農・経済事業の拠点が分離されたことを意味する。そのばあい、農家組合、女性部、青壮年部などの組合員組織の拠点は支店に置かれたままであるのに対し、彼らと日常的に接触する営農相談員、くらしの活動相談員は営農センターの配属となる(2)。通常、彼らには地区担当制が導入されるものの、直接的には営農センター長の指揮命令系統に入り、組合員ならびに組合員組織の要請に応じて現地を飛びまわることになる。その飛びまわる範囲はいくつかの支店をまたぐことが普通で、個々の支店長の指揮命令系統のなかには入らない。つまり、個々の支店長は組合員や組合員組織の動向を十分に掌握しないまま、組合員組織の事務局機能を担うことになるのである。

組合員ならびに組合員組織の役員たちが日常的に接触するのは営農相談員、くらしの活動相談員のほうである。金融・共済事業を担う支店もまた組合員と日常的に接触するものの、それは主としてお金の出し入れを通じた個人的なものであって、組織的なものではない。

人脈の形成を最も大切にすべき支店長の立場からすれば、縦割りの事業体制のもとで組合員ならびに組合員組織とのコミュニケーションがうまくとれず、自分がどんな人間であるかをわかってもらうチャンスが乏しくなる。言い換えれば、金融・共済特化型の支店長というのは、農協という特性を捨てて、銀行、信金・信組の支店長と同じ土俵で勝負しなければならない。

首都圏や大都市の農協であれば、それでよいのかもしれないが、農村地域に立地する農協にあっては適当とは言えないであろう。組合員組織の事務局機能を担う支店であるからには、組合員や組合員組織の役員たちと日常的に接触することによって、良好なコミュニケーションがとれるようにしておくことが必要である。そのひとつの工夫が年金友の会、共済友の会であることは否定しない。しかし、それはあくまでも事業利用の利益還元の意味をもっているのであって、組合員組織の拠点としての支店のあるべき姿とは異なるものである。

いま求められていることは、組合員組織の拠点として真にふさわしい支店を再構築することである。それはすなわち、組合員および組合員組織と支店長および支店職員とが一緒になって活動することによる、ＪＡ版「関係性構築」の取組みをすすめることにほかならない。このＪＡ版関係性構築の取組みは、通常のばあい、支店協同活動と呼ばれている。

この支店協同活動の重要性を強く認識し、意識的に展開されるようになってから10年あるいはそれ以上経過していると思われるが、この取組みがＪＡ福岡市をはじめとして首都圏や大都市の農協で先進的に、あるいは積極的に取り上げられているのは、理由なしとはしない。

その理由として二つのことを指摘できるように思われる。その一つは、支店の金融店舗化をすすめていっても、銀行や信金・信組にはとうてい及ばないという現実である。のみならず、組合員ならびに組合員組織との関係性が希薄化し、農協のよさが急速に失われていることも無視できない。とりわけ、農協との関係性が深いコアの組合員や組合員組織の縮小に直面して、いかにその拡充をはかるかが重要な課題となっている。コアの組合員や組合員組織の補充にあたって、組合員とともに歩む農協、あるいは地域とともに歩む農協の姿を提示しながら、組合員ならびに組合員組織との関係性の再構築をはかることが喫緊の課題となっている。

もう一つは、この支店協同活動の展開には何がしかのお金が必要とされるという点である。支店協同活動は人的資源の投入を含めてお金を必要とするが、その見返りにお金が入ってくるという直接的効果はない。めぐりめぐって、いずれは入ってくるであろうという間接的効果があるだけである。しかもそれは不確実なものである。このため内部留保に乏しい農協では、必要性は理解できるものの、ただちに取り組めるのかというとそうではない。取り組めるのは内部留保の豊富な農協にかぎられる。

ひとくちに支店協同活動といっても、そこにはいくつかのバリエーションが存在している。その第一は、農協の基礎組織である農業集落（農家組合）に担当職員を張りつけ、営農とくらしの両面から支援を行ない、そこで何らかの協同活動を展開するというタイプである。この取組みは「1集落（農家組合）1協同活動」と呼ばれるが、JAいわて中央、JAいわて花巻、JA松本ハイランドなどで実施されている。

たとえば、JA松本ハイランドでは「モデル農家組合活動」と呼ばれ、2005（平成17）年度から続けられている。そこでは各支所がモデル農家組合を選定し、その自主的活動に対して財政的支援を行なうというものである。これまでに３２６農家組合のうち１２３農家組合で実施されてきた。活動テーマは自由であるが、農業集落内のコミュニケーションを深めることを目的とした、伝統のしめ縄づくり、そば打ち講習会、親子で参加する畑づくりなどが展開されている(3)。

その第二は「１支店複数協同活動」と呼ばれるものである。これは支店を単位とし、その支店において支部を構成する農家組合や女性部、青壮年部の人たちと支店職員が一緒になって、農と農的資源を活用した地域協同活動を展開するというものである。具体的には、本書でも取り上げたＪＡ三次の「ちゃぐりんキッズ」、ＪＡ紀の里の「子ども料理教室」は、そのほかの協同活動とともに全支店で実施されている。

こうしたなかで、全国のベンチマークとされているのがＪＡ福岡市の「支店行動計画」にもとづく支店協同活動の展開である。この農協のよさは、本店における機能・分野特化型支援と支店における地域密着型支援の機能分担が明確であり、かつ全役職員にその重要性が周知されていることである。つまり、自分たちの農協になくてはならない取組みであることが広く行きわたっている。たとえば、本店総合企画室（広報担当）の役割は、自らが広報活動に取り組むだけではなく、支店職員が広報活動に参加できるようにするために「文章をつくる能力」「写真を撮る能力」「ポップをつくる能力」を高めることにあると理解されている。そのための研修会が行なわれて初めて、各支店で発行される手書きの「支店だより」も、誰もが読みたくなるような支店だよりになるのである。全国の数多くの農協がこの「支店だより」をまねているが、それらがＪＡ福岡市の域に達しないのは、この点の理解と実践が乏しいためである。[4]

このJA福岡市の取組みは全国の農協に大きな刺激を与えている。そのなかで最も組織的な対応に成功しているのが、静岡県JAグループの「1支店1協同活動」の展開である。そこでは2011（平成23）年度から、全JA、全支店で、10年後の将来像を見据えた「支店行動計画」を支店長のリーダーシップのもと、全職員が参画して策定し、かつ実践することが求められている。

その第三は、内容的には第二の取組みと同じことであるが、しっかりとした財政的基盤のもとで「全支店協同活動」に取り組むというタイプである。たとえば、本書でも紹介したJA兵庫六甲の取組みは全国的にも注目されているが、55支店のすべてで「支店ふれあい委員会」を設置し、組合員たちがさまざまな協同活動を行なうための資金が準備されている。また、JAえちご上越においても2009（平成21）年度から全支店で「支店協同活動委員会」を設置し、支店単位の地域協同活動を展開するための資金が用意されている。

JAえちご上越の支店協同活動委員会委員は、経営管理委員（理事に相当）、総代、農家組合代表、女性部・青年部代表、年金・観光友の会代表、認定農業者、生産部会代表などからなるが、委員会規程によれば、委員は「支店長が中心となり、年度ごとに選任する」とうたわれており、いわば支店長のリーダーシップのもと、支店長と組合員組織のリーダーたちが一緒になって支店協同活動を企画し、全職員参加のもと、その企画を盛りあげるという趣向になっている。

この委員会規程から読み込めることは、ともすれば支店と疎遠になりがちな組合員組織のリーダーたちを一堂に会し、その参加・参画意識を高めることによって、組合員組織の拠点としての支店の再構築をはかろうとしていることである。言い換えれば、組合員と支店職員が非日常的な交流を通じて相互理解を深めるというＪＡ版「関係性構築」の取組みになっているのである。

3　機能で農業集落は分けられない

農協の基礎組織は農業集落（農家組合）である。すでに第8章で述べたように、農業集落の機能がつぶれれば、農協もつぶれる、そのような関係性が成立している。(5) 農業集落には農地の出し手もいれば受け手もいる。その出し手と受け手が共生しながら地域社会が形成されている。その出し手と受け手を政策的に分離しようとするのが、今回農水省が打ちだした「人・農地プラン」である。

人・農地プランの最大の問題点は、農地の利用集積を促進することを目的として、「農地集積協力金」を出し手に渡すことにある。その交付要件は、「自留地（10ａ未満の農地）をのぞいて、すべての自作地を10年以上にわたって、農地利用集積円滑化団体または農地保有合理化法人に白紙委任し、今後10年間は農作物の販売を行わない」こと、また、市町村等への交付単価（1戸当たり配分金額）は、「０・５ha以下は30万円、０・５ha超２・０ha以下は50万円、２・０ha超は70万円」と定められている。

いわば、お金で人を動かす仕組みになっていることに違和感を覚えるが、それに農協が加担しなければならないことが問題である。たとえば、ＪＡいわて中央、ＪＡいわて花巻、ＪＡ松本ハイランド、ＪＡ三次のように、組合員農家の幸せづくりの観点から、ふだんから農協職員が農業集落にひんぱんに出入りし、集落の合意形成を前提とした「集落営農」に取り組んでいる農協であれば、組合員農家の農協への信頼感も高く、その延長線上で農地利用集積へ向けた話しあいができるであろう。しかし、そんな農協は数多くないのが現実である。そもそもどんなことを目的として、この取組みが必要なのかを組合員農家にきちんと説明できる職員がどれだけいるのであろうか。(6)

「強い農業づくり」という行政と同じ立場に立ってはいけない。組合員農家の生きかたの問題として提案しなければならないのである。販売を行なってはいけないのだから、ファーマーズ・マーケットへの出荷はご法度である。耕作面積が10ａ未満になると、正組合員の資格を失うかもしれない。さらにはまた、白紙委任とはいうが、その白紙委任に隠された出し手の不安を汲み取れるような職員でないと、この仕事はつとまらないはずである。しかも、それを推進する職員が今後10年以上にわたって出し手の相談に乗り、責任をとれる立場にいるのであろうか。そうではないはずである。結局は、農業集落において、今後の農業のあり方を組合員農家自らが計画する人・農地プランにならざるを得ないのである。霞が関が期待するような、きれいな絵は描けないのである。この点は強調しても強調しすぎることはない。

第26回ＪＡ全国大会組織協議案の地域営農戦略では、1階部分を合意形成組織（農業集落もしくは農家組合）、2階部分を担い手経営体に区分している。農協にとって、この発想自体が危うい。というのは、担い手経営体の支援は営農センターの仕事である。ＴＡＣと呼ばれているが、支店とは関係なく、「出向く営業」というスタイルをとっている。一方で、農業集落（農家組合）の事務局機能は支店が担っている。このため、簡単に言えば、担い手経営体は営農センター、農家組合は支店とつながっていて、その両者のあいだに断絶が生まれているのである。

2階建て構想の弊害は、じつは「集落営農」に典型的に現れている。集落営農こそ、農家組合と担い手経営体とが一体となって活動するところに大きな特徴がある。つまり1階部分と2階部分は不離一体の関係としてとらえるべきものである。そのあいだを分断することはできない。それにもかかわらず、分断しようとする。言い換えれば、農業集落を機能で分けることを地域営農戦略の柱に据えているのである。第26回ＪＡ全国大会組織協議案をよく読むとわかるが、分断したものを統合するという発想が乏しいため、出し手と受け手が共生するような集落営農の記述はどこにも見いだされないのである。

実態的にとらえると、支店はもはやかつての支店ではない。ＪＡバンク支店と呼ぶのがふさわしい。営農への関心や知識、農家組合との人脈が乏しい金融支店長が采配をふるっている。そんなところが多いのである。これでは農家組合長たちは支店と相談のしようがない。浮かばれないのは、営農センターからも、支店からも遠い存在となっている農家組合とそこにいる大勢の小規模農家たちである。「多様な担い手」と呼ばれる彼らは行政による人・農地プランの押しつけにとまどうばかりであろう。

そもそも人と人が助けあって生きていくべき農業集落を、出し手と受け手という機能で分けること自体が間違っている。この発想からはもはや集落営農などという協同組織は生まれてこない。農業集落の機能がつぶれれば農協もつぶれる。農協人たちはこの言葉の意味をよく噛みしめるべきであろう。

注

(1) 基礎自治体である市町村と農協の関係については、石田正昭「地域に向き合う支店政策とは」『農業と経済』第76巻第8号、2010年8月で詳しく展開されている。

(2) ここでは、従来の営農指導員を営農相談員に、生活指導員をくらしの活動相談員に呼び変えている。呼び方を変えただけで、業務内容の違いを表しているわけではない。ただし、指導員という表現は、職員が組合員を指導するというニュアンスをもつことから、適当な表現とは思っていない。

(3) 「どうする私たちの地域と農業―重要な農協の役割と任務―農業協同組合研究会・第6回現地研究会in JA松本ハイランド」農業協同組合新聞、2011(平成23)年11月22日号。

(4) 詳しくは石田正昭「農業・農村はコミュニティ・ビジネスの宝庫」(石田正昭編著『農村版コミュニティ・ビジネスのすすめ 地域再活性化とJAの役割』家の光協会、2008年)96~100ページを参照のこと。

(5) インタビュー「問題意識の共有が人づくりの出発点 村上光雄・全中副会長」農業協同組合新聞、2012(平成24)年6月30日号。

(6) 座談会「JAの運動方針を読む」『農業と経済』第78巻第8号、2012年8月、26ページ、全国農協青年組織協議会参与の牟田天平氏の発言に注目されたい。

第12章　支店を地域の〝ふれあい〟の場とするには
――JA山口中央の事例

1　中学校区を単位とする支店づくり

2012（平成24）年の第26回JA全国大会組織協議案では、中学校区、したがって「昭和の大合併」直前の、旧市町村を単位とする支店づくりが提案されている。そこからイメージされる支店とは、1つの中学校、2・5つの小学校、1万4589人の人口、6078戸の世帯、15・8つの農業集落、524haの農地といった地域環境、ならびに545人の正組合員、548人の准組合員、97億円の貯金高、366億円の長期共済保有高、1億4495万円の信用・共済事業総利益といった組織事業基盤のもと、1・4人の非常勤理事、11・8人の支店職員、1・7人の営農指導員からなる農協役職員が、営農とくらしの両事業戦略のもと、組合員ならびに地域社会の幸せづくりに取

り組むというのがそのおおよその姿である。(1)

もちろん地域条件はさまざまであって、これはひとつの目安にすぎないが、農協が何をめざして、何をなすべきかを考えるとき、この基礎数字はきわめて重要である。

支店のあり方に関して、問題は二つほどあるように思う。一つは、支店(ないし支部)は農協からみれば事業の拠点であるが、同時に組合員からみれば組織の拠点であり、この両者をどのように接合させるかという問題である。両者の齟齬《そご》が最も大きいのが、営農相談員(営農指導員)、くらしの活動相談員(生活指導員)を支所におくのか、営農センターにおくのかという配置問題である。これは前章で述べたように、支店の金融店舗化をよしとするのかどうかという問題に帰着される。これまでは金融店舗化の方向に向かっていたと思われるが、それはすなわち総合農協のよさを自らが放擲《ほうてき》しているように映るというのが本書の基本的な立場である。

もう一つは、総合農協として、その固有の価値をどこに求めるのかという問題である。序章で述べたように、農協固有の価値とは「組合員・利用者が望んでいて、資本制企業では提供できないが、農協が提供できる価値」として定義できるが、それはいったい何かという問題である。これもまた、それぞれの農協において区区であって、こうだという断定はできない。組合員と組合のコミュニケーションのなかから見いだされるべきものである。しかし、私見が許されるならば、どの農協でも使われている用語であるが、「ふれあい」ではないかというのがここでの仮設である。ぎとぎとはしていないが、失って初めてその大きさに気づくもの、それがふれあいだと思う。それはまた、純朴とか、やさしさ、ふるさとに通じるものである。仮にそうであるならば、そのコンセプトのもとでどのような支店づくりが可能なのであろうか。

この二つの問題に答えてくれるのがＪＡ山口中央の取組みである。そこでは、平成24年度から営農相談員、くらしの活動相談員を全支店に配置し、金融店舗＋α《アルファ》化によって組合員の期待に応えようとしていること、また、農協直営のファーマーズ・マーケットはあるものの、それとは別にほぼ全支店で「ふれあい朝市」が開設され、地域の生産者と消費者がふれあう場が確保されていること、という二つの大きな特徴がある。以下では、その取組みを伝えたいと思う。

2　「地域のよりどころ」となる支店をめざして

(1) 農協の概要

ＪＡ山口中央は、徳地、阿知須地区を除く山口市をカバーし、２０１２（平成24）年3月末現在、正組合員1万１４６３人、准組合員1万１７３０人の合併農協である。２００３（平成15）年7月に設立されたが、戦後設立の23農協がその母体となっている（図12-1）。この図からもわかるように、合計８回の合併をくり返し現在のＪＡ山口中央にいたっている。

合併の連続ではあったが、戦後設立の23農協はＪＡ山口中央の設立後もそのままのかたちで支店に

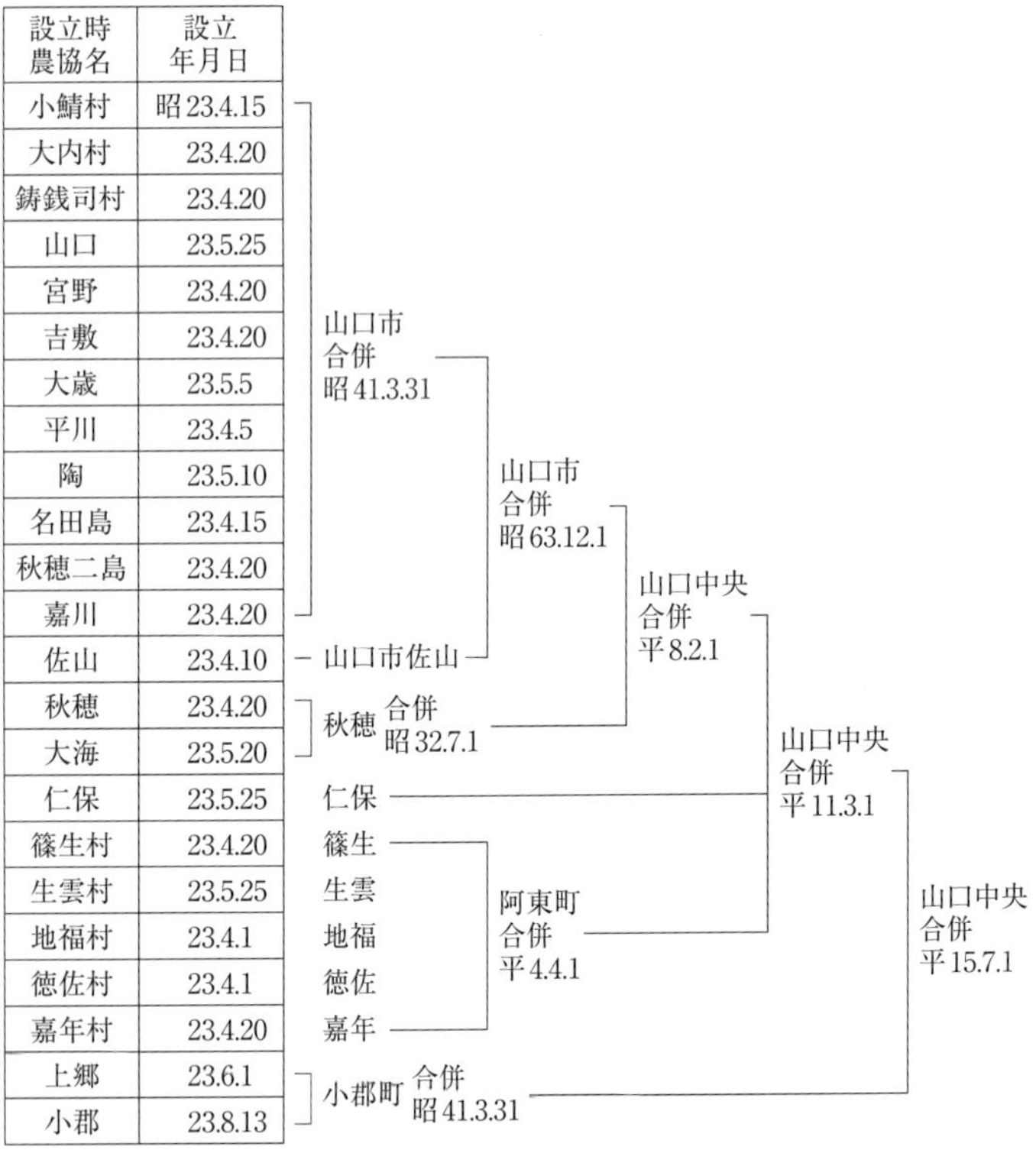

図12−1　ＪＡ山口中央設立までの合併経緯

移行し、その支店が支部を形成している。違いがあるとすれば、23農協のうち、大海農協が秋穂農協（支店）の子支店、また上郷農協が小郡農協（支店）の子支店に位置づけられているだけである[2]。したがって、正確には21支店＋2子支店体制と表現しなければならない。

この21支店（支部＝地区）から地区理事が1人ずつ選出される。表12−1に示すように、支店間の正組合員数にはばらつきがあるが、支店の単位性を尊重する観点から、各地区1人ずつの選出となっている。この地区理事とは別に、女性理事枠として2人分が設けられ、これは女性部で選出される。

准組合員比率の平均は50・6％であるが、これも支店間にばらつきがあり、おおむね混住地で高く、平坦地が中間で、中山間地が低い。管内は標高0～300mに立地し、支店ごとに多様な地域条件が形成されている。中山間地の阿東地区には有名な船方総合農場、嘉年ハイランドがあり、農業法人化の進展地帯でもある。

本農協もいわゆる男女共同参画の「三冠王」で、女性正組合員比率は30・9％、女性総代比率は10・8％、女性理事は2人を確保している。また、正准あわせた女性組合員比率は33・1％である。

この女性組合員比率には大きな支店間格差はないが、女性総代比率には支店間格差があり、おおむね混住地と中山間地で高く、平坦地で低くなっている。女性総代は50人の女性枠を設け、各支店に割り当てているが、総代数に端数が出ることと、普通の地区枠からも15人が選出されていて、支店間格差が生じている。

女性部には組合員のみならず職員も加入し、組合員と職員の協働で活発な活動が続けられている。部員数は3436人で、女性組合員に対する比率は44・7％にのぼる。この比率はおおむね中山間地で高く、とりわけ阿東の5支店で79・9％と高くなっている。これは農協女性部と地域婦人会の一体性が強く、「特別の事情がないとやめられない」という過去の雰囲気が残されているためと思われる。

組織活動の概要（平成23年度末現在）

目的別グループ活動			戸当たり貯金高（千円）	戸当たり貸出金（千円）	戸当たり共済保有高（千円）	青壮年連盟盟友数	支店職員数（人）	
活動数	人数	参加者率（%）					平成23年	平成24年
4	22	11.3	8,320	1,000	58,640	14	11	14
4	63	55.8	6,304	1,791	50,919	40	13	15
8	88	65.7	7,979	1,206	53,269	35	14	15
5	40	60.6	3,984	1,796	40,222	−	11	13
6	90	81.8	8,167	3,845	51,310	24	13	14
4	18	20.0	7,145	2,818	55,066	44	11	13
9	118	55.4	7,095	2,498	50,970	31	14	18
8	75	54.0	9,339	1,143	59,785	32	14	13
10	105	101.0	12,771	707	65,071	38	16	15
5	133	87.5	9,731	1,272	62,178	43	14	15
8	92	63.4	10,016	857	63,783	38	18	17
13	175	50.7	7,428	952	54,031	36	18	21
5	56	43.1	9,658	1,118	55,696	45	13	13
6	96	30.7	6,779	701	50,786	25	22	24
4	62	48.4	9,576	1,384	57,125	−	12	18
5	109	56.5	7,201	1,058	57,448	−	10	14
3	54	26.2				−	5	10
4	81	41.1				−	7	9
4	89	72.4				−	6	11
3	67	37.0				−	7	10
4	66	41.3	10,498	2,885	64,405	23	28	27
2	24		−	-				
124	1,723	50.1	8,245	1,810	55,412	468	277	319

組合員の比率。

の比率。

表12-1　地区別の組合員、組合員

	地区（支部）	立地条件	正組合員数	准組合員比率（%）	女性組合員比率（%）	総代定数	女性総代比率（%）	女性部員 人数	女性部員 比率（%）
1	小鯖	中山間	571	41.2	32.6	28	7.1	194	61.2
2	大内	混住	631	57.4	29.6	36	16.7	113	25.8
3	宮野	混住	452	66.3	30.2	25	16.0	134	33.1
4	山口	混住	197	85.4	33.7	14	14.3	66	14.5
5	吉敷	混住	345	68.0	32.1	21	14.3	110	31.8
6	大歳	混住	317	70.2	31.6	20	15.0	90	26.8
7	平川	混住	631	60.8	31.1	30	6.7	213	42.5
8	陶	平坦地	417	46.9	36.8	23	8.7	139	48.1
9	鋳銭司	平坦地	484	38.8	33.5	24	12.5	104	39.2
10	名田島	平坦地	536	21.3	37.2	22	9.1	152	60.1
11	二島	平坦地	566	39.7	37.0	30	6.7	145	41.8
12	嘉川	平坦地	1,050	44.5	34.5	57	12.3	345	52.8
13	佐山	平坦地	520	46.7	40.2	22	9.1	130	33.2
14	秋穂	平坦地	841	57.3	29.7	48	12.5	313	53.5
15	仁保	中山間	970	21.1	28.6	43	9.3	128	36.4
16	阿東	中山間	2,512	24.9	33.7	47	6.4	193	79.9
17	阿東生雲	中山間				27	11.1	206	
18	阿東嘉年	中山間				17	11.8	197	
19	阿東篠生	中山間				19	10.5	123	
20	阿東地福	中山間				27	7.4	181	
21	小郡	混住	423	74.8	36.8	20	15.0	160	26.0
	本所			100.0	23.5				
合計			11,463	50.6	33.1	600	10.8	3,436	44.7

注：1．准組合員比率、女性組合員比率は、総組合員数に対する准組合員、女性
　　2．女性総代比率は、総代定数に対する女性総代の比率。
　　3．女性部員比率は、女性組合員に対する女性部員の比率。
　　4．女性グループ活動参加者率は、女性部員数に対するグループ活動参加者
　　5．戸当たり貯金高、貸出金、共済保有高は正准合計の戸当たりの実績。
　　6．シェードがかかっているのはその列の最大値。

目的別グループは全部で124グループ、1723人にのぼる。女性部員数に対する活動参加者率は50・1%であるが、支店別にみると、鋳銭司《すぜんじ》、名田島、吉敷で80%を超えている。ちなみに、鋳銭司は戸当たり貯金高、戸当たり共済保有高でも支店別のトップを走り、また吉敷は戸当たり貸出金で支店別のトップを走っている。「組織活動が元気な支店は業績がよい」という分析結果が発表されているが、本農協でもそのことが裏づけられたかたちになる。(3)

一方、青壮年連盟盟友数は468人で、当然のことながら人数的には女性部におよばない(女性部と同じく職員も加入している)。しかし、支店で実施される食農教育(幼稚園・小学校での農業体験、料理教室)には積極的にかかわっており、その面では女性部にひけをとらない。また、山口県農青協の盟友数は656人にすぎず、その7割以上をこの農協が占めていることにも注意を向けるべきである。

(2) 支店の金融店舗+α《アルファ》化

本農協は大きく3地域に分かれる。南部地域=陶、鋳銭司、名田島、二島、嘉川、佐山、秋穂、小郡の各支店、北部地域=仁保、小鯖、大内、宮野、山口、吉敷、大歳、平川の各支店、阿東=阿東(徳佐)、生雲、嘉年、篠生、地福の各支店、という区分である。

JA山口中央の設立以降、この3地域にそれぞれ営農センターを設置するべく整備がすすめられてきたが、阿東営農センター、北部営農センターが整備された段階で南部営農センター設置案が臨時総代会で否決された。２００７（平成19）年12月のことである。営農センター設置の前提となるほ場整備事業の遅れや用地取得の関係から、合意をみなかったからであるが、同時に、組合員側が求める組合員・利用者の利便性と経営側が求める事業の効率性の折りあいがつかなかったこともその原因とされる。

この議論が数年続いて、最終的な決着をみたのが２０１１（平成23）年6月開催の通常総代会においてであった。その総代会資料によれば、つぎのとおりである。

まず、平成22年度事業報告では、管理関係の「効率化のとりくみ」の項でつぎのように述べられている。

「組合員・利用者の利便性、事業改革等について前年度に引き続き、事業の効率化と併せ検討を重ねてきました。

検討の結果、支所の対面機能の充実による地域密着型の事業展開を強化することが重要であるとの認識に至りました。

この結果を踏まえて、支所の機能を強化し、営農センターは支所のサポート並びに地区農業ビジョンの取りまとめ・調整を行い、6次産業化等の新たな提案の調整を担うこととしました。」

この事業報告から、理事会が何をめぐって、どんな議論が交わされてきたかを読みとることができる。一言で表せば効率性と利便性をめぐっての議論であるが、その結論として「支所の対面機能の充実による地域密着型の事業展開」、すなわち支店重視の方向が打ちだされた。支店統廃合を基本的には行なっていないこの農協では、組合員組織の拠点である支店機能の充実というのはある意味で当然の選択であったといえよう。

つぎに、平成23年度基本方針（案）では、「支所充実強化と事業効率化の取組み」の項でつぎのように述べられている。

「(1) 支所は、組合員・利用者の満足度向上と地域密着型の事業展開に取組みます。

① 営農指導、農産物の集荷・検査・販売、肥料農薬等の生産資材及び出荷資材等の供給を行います。

② 作目専門部会、担い手組織等の育成支援に取組みます。

③ 地区水田利用合理化推進協議会と連携して、地区水田農業ビジョンを策定し実践します。

④ 窓口相談機能の充実と迅速な対応に努めます。

⑤ 食農教育、体験農園、学校給食への地元産品供給に取組みます。

⑥ 地域の活性化推進のため、地域の生活・環境美化・伝統文化等に係わる地域活動に積極的に参加します。

(2) 営農センターは、地区水田農業ビジョンの調整と特産・畜産に係る営農指導を担います。

① 新技術実証圃の運営と円滑な普及、技術情報の提供に取組みます。

② 多様な担い手の育成、農業法人設立の支援に取組みます。

③ 契約栽培等販売の拡大や6次産業化の推進に取組みます。

④　資材店舗は、利用者の利便性に対応するため、土・日の営業は現行どおり行います。ただし、夏季（3月～10月）は毎週火曜日、冬季（11月～2月）は毎週日曜日及び祝日を定休日とします。

(3)　南部営農センターの設置については、厳しい農業環境の中で、共乾施設や育苗施設等の機械施設更新や集約化等への対応が早急に必要であり、今後の農業情勢や経営環境を総合勘案しながら継続して検討を行います。」

ここからわかるように、既設の営農センターを閉鎖したわけではない。その機能の一部を支店に移したのである。したがって、南部営農センターの設置構想は生きている。その意味で、支店側からみれば、金融店舗＋α《アルファ》化を実現したといってよい。

この基本方針にしたがって営農相談員、くらしの活動相談員を配置し直したのは2012（平成24）年4月からである。表12－1に示すとおり、支店職員数は配置前の277人から319人へ42人、1支店当たり2人が増員された。ただし、くらしの活動相談員は、生活購買事業との兼務のかたちで「女性部担当職員」として各支店1人ずつを配置し、女性部活動のコーディネーター役を担わせている。また、不要なコストアップを避けるため、生産資材は支店での組合員引取りを原則とし、配達には別途配達料を徴収することとしている。

金融店舗化が大きな流れのなかで、こうしたかたちの金融店舗＋α《アルファ》化は逆行とみる向きもあるだろう。しかし、じつはそうではないと神田《こうだ》一夫代表理事組合長は力説する。「元にもどすことによって理事の責任が発生する」「支店長にも責任が発生する」、だから「組合員組織活動を何重にも仕組まなければならない」と。この支店機能のワンランク・アップの論理は神田組合長の役職員、組合員へ向けた強烈なメッセージとなっている。

支店機能強化の取組みをあげれば、たとえば、年金友の会のメンバーには、レンタルハウスを用意し、オクラ、グリーンアスパラなどをつくり、朝市に出荷してもらう。現在、この農協には21支店に全部で24の朝市があるが、その出荷者は総勢で1100人、その販売額は総額で2億8000万円にのぼる。けっして小さな数字ではない。また、農業に心得のない支店渉外担当者にはプランターでの野菜づくりに取り組ませ、組合員とのコミュニケーションづくりに活用させている。さらには、支店に通信員を配置して、支店だよりを発行させるなどの取組みを行なっている。

間違ってもらうと困るが、この農協の支店だよりは昨日今日に始まったことではない。初刊の差はあるが、合併前の1999（平成19）年の夏台風により、JA有線放送ができなくなったことから全支店発行に切り換えた。2012（平成24）年4月現在で、390号（山口）、273号（大歳）、242号（嘉川）など、20年以上続く息の長い取組みなのである。

支店だより以上にすぐれているのが女性部の支部だよりである。旬刊、月刊の違いはあるが、これも全支部で発行されている。号数でいうと、260号（大内）、97号（名田島）、81号（二島）などと息が長いが、そのなかにはきれいな手書きの支部だよりや、印刷された支部だよりにマーカーで色をつけ、お化粧された支部だよりもある。(4)

(3) 〝ふれあい朝市〟と〝ふれあい農園〟

農協固有の価値、それは失って初めてその大きさに気づくものである。われわれが訪れた吉敷支店では、〝ふれあい〟という農協固有の価値があることを改めて気づかせてもらった。

山口市吉敷地区は市内でも最も人口増加の著しい地域である。1万4000人、6000世帯が居住し、保育園、幼稚園、小中学校、総合病院がそれぞれ1つずつある。吉敷支店はその幼稚園、小学校、公民館に隣接したところにある。支店の向かい側には駐車場をはさんで「吉敷ふれあい朝市」の建屋、また支店の裏側には女性部と農青連が管理する「吉敷ふれあい農園」がある。小学生たちがこの農園で農業体験、餅つき体験を行ない、残ったモチ米は公民館（自治会）主催の「ふるさとまつり」で餅やぜんざいとして販売される。

管内6000世帯、その多くは新興住宅地に住む非農家である。6000世帯のうち、正組合員が306世帯、准組合員が545世帯にすぎず、地域では少数派である。しかし、支店が小学校、幼稚園、公民館に隣接することから、子どもたち、あるいはその保護者たちが知らず知らずに集まる〝地域のよりどころ〟となっている。

とくにふれあい朝市が開かれる水・土・日曜日の7時から12時にかけては、ATM利用もかねて人びとが自然に集まってくる。単に集まるだけではなく、世間話に花が咲く。そこでは時間がゆっくりと流れ、地域の人びとのふれあいの中心地となるのである。

支店の建屋に入って右側は金融店舗、左側は〝組合員室〟と呼ばれるフリースペースで、組合員さんたちが〝だべる〟、つまりは油を売る空間である。「経済担当職員」と呼ばれる営農相談員がもどってきてからは、組合員さんたちがここで油を売る時間が長くなったという。

支店の2階には〝調理室〟と大小2つの〝会議室〟があり、そこでは料理教室、自彊術《じきょうじゅつ》、絵手紙、フォークダンス、銭太鼓などのグループ活動がくりひろげられる。このほか、年数回ではあるが、JAの助けあい組織「燦燦《さんさん》」と女性部が協力してミニデイサービスが開かれ、クリスマスや夏まつりのときには「アンパンマン子どもクラブ」なども開催される。金融店舗内の施設であるから、利用日や利用時間に制限はあるが、最大限活用するようにしているという。

組合員や地域の人びとの〝ふれあい〟の拠点は何といっても、地区の年金受給者たち50人が運営する吉敷ふれあい朝市である。ただし、このふれあいという名称は吉敷だけで使われているのではなく、農協の朝市全体で使われている。24の朝市のうち、16の朝市で使われている。ファーマーズ・マーケット全盛の時代に朝市はどうかという意見もあるだろうが、各地で行なわれている「軽トラ市」も含めて、生産者直売の本家本元は朝市にある。消費者への対面販売こそ直売の原点だからである。そのにぎわいを見て、これはドイツのマルクト、フランスのマルシェに通じるものがあるなと感じられた。その吉敷ふれあい朝市の年間売上げはおよそ1600万円、担い手の高齢化がすすみ、関係者はその先行きを案じているが、定年帰農者向けの農業講習会を開催し、何としても後継者をつくっていかなければならない。

3　コアとなる正組合員層の補充・拡大

同じ正組合員でも、農協事業の利用の濃いコアの正組合員と、利用の薄いコアではない正組合員がいるように思う。言うまでもなく、前章で述べた「求める力」「押す力」の強い組合員はコアの正組合員である。とすれば、農協の組織事業基盤を形成する人びとは4つの層――コアの正組合員、コアではない正組合員、准組合員、組合員ではない地域住民、に分かれるといってよいだろう。

農協の組織事業基盤を形成する源泉は、言うまでもなくコアの正組合員である。そのコアの正組合員を補充する、あるいは拡充することによって初めて、組合員ではない地域住民たちを准組合員に迎え入れることができる。そういう関係性が成立している。コアの正組合員層が縮小し、しかし准組合員層だけが拡大するというのは本来あり得ない話であるし、また、あったとしてもその行く末は農協ではなくなる。

そのコアの正組合員層の補充・拡大は、営農の行為、すなわち農産物をつくって売るという行為をともなって初めて可能となる。よく知られるように、JAはだのの「市民農業塾」やJA甘楽富岡の「食彩館」もそうであるが、定年退職者や中途退職者たちに農業技術を教え、農地を提供し、資材も供給し、さらには売り先も確保して、農業者に引き上げることが可能になる。とすれば、この農協が行なっているような、年金受給者を対象としたレンタルハウスでの野菜生産の奨励はふれあい朝市の継続を約束すると同時に、コアの正組合員層の補充・拡大を可能にする取組みとして評価できるであろう。高齢者のいきがいづくりという観点からも、この取組みは不可欠であり、年金友の会を単なる利益還元の団体とするのは少し惜しい気がする。

注

（1）第26回JA全国大会組織協議案「次代へつなぐ協同～協同組合の力で農業と地域を豊かに～」全国農業協同組合中央会、2012年5月、39ページ。

（2）JA山口中央では「支店」は「支所」と呼ばれている。しかし、ここでは本書全体の調和をはかるため「支店」と言い換えている。

（3）増田佳昭「つながりを強めて組織活性化を①―経営戦略としての教育文化活動―」『家の光ニュース』第774号、2011年8月、および増田佳昭「つながりを強めて組織活性化を②―組織活動が元気な支店は業績もよい―」『家の光ニュース』第775号、2011年9月を参照。

（4）どのような女性部支部だよりが発行されているかは、石田正昭「JA固有の価値〝ふれあい〟を創造する支所づくり」家の光協会『JA教育文化』第142号、2012年7月を参照。なお、本章はそのときの取材をもとに記述している。

第13章　教育広報活動でＪＡをつくり変えるには

――ＪＡ新ふくしま・ＪＡなんすんの事例

1　情報の共有、認識の共有、理念の共有

人権的な経済評論家として著名な内橋克人氏は、その著書『浪費なき成長』のなかで「自覚的消費者」という概念を提示している。内橋氏のいう自覚的消費者とは、ＢＳＥに関係する輸入牛肉、遺伝子くみかえ大豆、原発による電力など、安いけれども、安全性や環境保全に疑問符がつくような消費材は、「なぜ安いのか」を問うことによって、買わないという行動をとる消費者たちのことをさしている。この一人ひとりの行動が、使いすて型のモノづくりのあり方をその根本から変え、ひいては経済システムや政治システムのあり方も変える可能性があることを指摘している(1)。

本章では、この自覚的消費者の概念にならって「自覚的組合員」という用語を使いながら、教育

広報活動を柱に据えた農協運動の展開方向を考えていきたい。(2)

どうして自覚的組合員を論じなければならないのかというと、農協のばあい、協同組合人としての自覚をもたずに組合員資格を継承する人たちがかなり多くいると考えられるからである。これは、農協の教育活動云々以前に、家すなわち家計の継承と組合員資格の継承が分かちがたく結びついていることによるものである。とくに昭和一ケタ生まれの組合員がリタイアしようとする現在、次代を担う農協運動の担い手をどう育てるかが喫緊の課題となっている。その担い手づくりも、農協の持続的な発展という観点から、単なる事業利用者ではなく、運営参加者、活動参加者としてすぐれた識見と行動力を備えた自覚的組合員をひとりでも多くつくることが課題となっている。

では、どうしたら、この自覚的組合員をつくることができるのであろうか。それには二つのことが重要と思われる。

その第一は、いうまでもなく、自覚的組合員をつくるには、組合員と日常的に接する役職員もまた、協同組合人としてすぐれた識見と行動力を備えた「自覚的役職員」であることが要求されるという点である。順序からいえば、自覚的役職員の育成が先行し、それがある程度達成された段階で初めて、自覚的組合員の育成も可能になると考えるのが自然であろう。

その第二は、自覚する、すなわち協同組合人として覚醒するには不断の学習が必要であるという点である。学ぶは、語源的には「まねぶ」すなわち「まねる」から出てきたとされる。また、習うも、語源的には「倣《なら》う」すなわち「すでにあるものごとをまねてそのとおりにする」と同じ語源をもつとされる。つまり、協同組合人たちは自分たちに要求されるものごとをくり返し、くり返しまねて、最終的には自分のものにすることが重要である。

この学びの過程で重要なことは、役職員のあいだで、さらには役職員と組合員とのあいだで、「情報の共有」「認識の共有」「理念の共有」をすすめることが必要であるという点である。ここで、情報の共有、認識の共有、理念の共有とはどのようなことをいうのかというと、たとえば「ＴＰＰ反対1000万人署名運動」を例にとれば、「ＴＰＰとは何か、どんな協定なのか」を共有することが情報の共有であり、「ＴＰＰの何が問題なのか」を共有することが認識の共有であり、「だからわたしたちはＴＰＰに反対する」を共有することが理念の共有である。したがって、情報の共有なくして認識の共有はなく、認識の共有なくして理念の共有はない。こうした普及論をもたないと本来的に農協運動は展開できないし、役職員ならびに組合員の学習活動も成立しないのである。

日本農業新聞、家の光、現代農業、その他単行本など、ＴＰＰに関する文献はさまざまあるが、それぞれの職場でこれらの文献を使った学習会を定期的に開き、役職員のあいだで情報の共有、認識の共有、さらには理念の共有をすすめていくことが大切である。仮にそれらがすすまなければ、役職員が日常的に接する組合員とのあいだでも情報の共有、認識の共有、理念の共有をすすめることはほとんど不可能である。学習というのは個人学習が基本であるが、問題の所在を気づかせるためにも職場学習は不可欠である。

かつて計量的に分析した経験によれば、日本農業新聞の役職員購読率が高い都道府県は、組合員購読率も高いという結果が得られた。これをどう解釈するかはむずかしいが、ひとつの解釈は、役職員のあいだで日常的に話題になる事柄は、組合員とのあいだでも同様に話題になり、したがって組合員も読みたい、読まなければならないという動機が起こるようになり、組合員購読率も高まるというものである。つまり、教育資材というのは使われて初めて大きな価値をもつことになる。

農協職員に求められていることは、その意味で、専門的知識の習得もさることながら、その前提となる協同組合人としての基礎的知識を習得することにある。それぞれの職場で、始業時あるいは終業時に学習会、勉強会を定期的に開き、いま農協に求められていることは何かを学ばなくてはならない。それには所属長自らが学ぶ意欲をもち、その意欲の顕示によって部下たちの学ぶ意欲を高めることが必要である。それなくして充実した職場教育というのはあり得ない。

その所属長の学習意欲を喚起するのは、いうまでもなく、トップの高い学習意欲である。トップの率先垂範なくして農協という職場に学習風土を根づかせることはできない。たとえば、最近あちこちで女性大学や組合員大学が開かれているが、その初回には「組合長のあいさつ」ではなく、「組合長の協同組合論講話」をおくことが欠かせない。その程度のことができないような組合長は、そもそも組合長に選ばれる理由はないのである。選ばれた者には選ばれた責任がある。と同時に、選ぶ者には選ぶ責任があるということも自覚しなければならない。そのことを学ぶのも組合員学習活動の一つといってよい。

もう一つ付け加えるならば、専門家集団である連合組織の役職員もまた、協同組合とは何か、農協とは何かという基礎的知識の習得が欠かせない。おそらく農協の役職員以上にこの学習機会に恵まれていないのでないかと察せられる。連合組織の役職員が経済的目的の追求だけをめざすのであれば、彼らが日常的に接する農協の役職員もまた経済的目的の追求だけを自らの使命（ミッション）と考えるようになるだろう。じっさいに肌で感じることであるが、ＪＡグループの雰囲気は各都道府県によって大きく異なる。協同組合的アプローチを大切にしているところと、そうではないところの落差は大きい。連合組織の役職員にあっては、農協には地域社会の再生という社会的目的もあるのだということを自覚し、そのうえで自らの専門性を高めていくことが重要である。

協同組合は組合員のニーズと願いに応え、資本には応えないことを信条としている。自覚的組合員のいない農協はその存在価値を失い、ひいてはほかの事業体とは違った特色を生みだすこともできなくなる。協同組合が魅力的な存在になることによって、組合員を引きつけ、組合員に動機を与え、組合員が自らのニーズや願いを表明できるようにすることを優先的に考えるべきである。

2　教育広報活動でＪＡを変える

(1) 役員力、職員力、組合員力とは何か

現行の協同組合原則である「協同組合のＩＣＡアイデンティティ声明」は、その第5原則「教育、

研修および広報」でつぎのように述べている。

「協同組合は、組合員、選出された役員、マネージャー、職員がその発展に効果的に貢献できるように、教育と研修を実施する。協同組合は、一般の人びと、特に若い人びとやオピニオンリーダーに、協同することの本質と利点を知らせる。」

この第5原則には、改訂以前の「教育促進の原則」と大きな違いが一つある。それは教育、研修と広報を区分し、教育、研修は協同組合人、すなわち組合員、役職員を対象に実施され、広報は協同組合人にとどまらず、広く地域の人びとを対象に実施されるとしたことである。

この区分はすなわち、教育、研修は協同組合人の能力向上のために使われるのに対し、広報は協同組合人の能力向上というよりも、協同組合のよさを広く社会にアピールし、組合加入の促進によって協同組合人を増やすことを目的とするという違いを表している。現在の協同組合原則はこうした二重構造でなりたっている。とすれば、教育、研修のみならず、広報もまたきわめて大きい意義があると言わざるを得ない。

言うまでもなく、その協同組合を動かす原動力は協同組合人、すなわち組合員と役職員であるが、協同組合経営戦略フォーラム代表の坂野百合勝氏は、しばしば「役員力」「職員力」「組合員力」という用語を使って、これら三者の能力の向上の必要性を強調している。ここで、役員力とはリーダーシップを発揮する能力、職員力とはコーディネーター（世話役、啓発者）としての能力、組合員力とは参加、参画を通してメンバーシップを発揮する能力を表している。

以上のことを前提として、筆者は組合員力、職員力、役員力の関係をつぎのように解釈している。すでに第9章、第10章で述べたことであるが、

①組合員力とは、組合員の役職員に対する「求める力」ないしは「押す力」をさしており、この力は組合員学習活動によって高まる。

②職員力とは、職員の組合員に対する「応える力」ないしは「返す力」をさしており、この力は職員学習活動によって高まる。

③協同組合の有用性は、この組合員力と職員力の相互作用の結果、大きくなるばあいもあれば、小さくなるばあいもあるが、それを決定するのが役員力である。役員力は「経営力」、すなわち「構想力」によって左右される。

順序から言えば、すべての始まりは役員力にある。役員力の高低によって組合員力、職員力の高低が定まる。その役員力を決定するのは経営力（構想力）であるが、このばあいの構想力とは〝先を読む力〟のことをさしている。したがって、役員にビジョンをもった人材を得なければ、協同組合は一歩も前進しないことになる。

農協職員が労働の対価として給料をもらうことを否定してはいけないが、それだけで協同組合人としての要件を満たすというわけではない。協同組合人として必要な学習を続けることによって、自らが求める「社会的理想の実現」に向かって行動するような職員となることが大切である。農協が提供する財やサービスによって、その提供を受ける人びとの営農やくらしがよくなること、幸せ

になること、あるいはまた地域が生き生きとなることを確信できるようにならないといけない。農協はそういう使命感をもった職員を必要としているが、同時に、その方向づけができるのは役員をおいてほかにないということも忘れてはならない。

(2) ミッションで動く職員の育成

使命、すなわちミッションをもった職員は強い。困難に耐えられるし、困難に立ち向かえる。そんなことを教えてくれたのが、JA新ふくしまの組織広報課長の菅野房子氏である。

彼女はLA(JA共済ライフアドバイザー)、LAトレーナーを経て、2010(平成22)年から新設の組織広報課長に就任した。そのLAの経験が今に生かされている。LAのときに毎日毎日100軒ずつ員外の家庭を回ることを自らのノルマとし、じっさいに回った経験から「JA、組合員、地域」の結びつきについてたくさんのことを学んだという。

まず、JAが提供できる「価値」とは何かという点について、前章で述べた〝ふれあい〟に通じる言葉だと思われるが、〝心の癒し(セラピー)〟だと答えている。農協はこれを求めている人びとを集めることによって、地域とのつながりを強くすることができる。そのためにはマニュアルにないことをやる必要があり、マクドナルドのようなマニュアル型の応対は通用しない。「心の光」の輪を広げていきたい、そんな思いで仕事をしているのだという。

つぎに、フレミズ(フレッシュミズ)への対応についてであるが、基本的に彼女らはJAのイベントに関心がない。そもそもＪＡに接する機会がない。ＪＡとは何かを知らない。そんな彼女らのＪＡへの関心を高めるには、職員が自信をもって彼女らと接することが必要であり、魅力あるプランづくりができるかどうかにかかかっているという。

組織広報課は５人の女性、しかも平均年齢31歳の若手だけで構成されているが、その所掌範囲は女性部、組合員教育、本店運営委員会、広報、報道関係のＰＲ、地域ＰＲ、ＪＡまつり、准組合員のつどい、ゴルフ大会、学校支援、健康管理活動、女性起業家育成、家の光の普及など、非常に広範なものである。これらの企画書を21歳、22歳の若手につくらせる。すると、例年どおりにつくってくる若手職員が多い。そこで彼女は質問をする。「あなたはこの資料で何を伝えたいのか」と。厳しい問いかけだが、人間は意識させると確実に変わる。変えさせるのが上司の仕事だという。

職員教育の基本は「ホウレンソウ」であるという。ホウとは報告を意味し、結果と事実を先に言わせる。経過や言い訳はあと回しでよい。想像でものを言わせない。レンとは連絡を意味し、必要な情報を過不足なく伝えるようにさせている。５Ｗ１Ｈは必須である。ソウは相談を意味し、上司には必要な情報をしっかりと提示し、選択肢をつくって指示を待つようにさせている。

組合員の農協への苦情は、農協への期待の裏返しなのであって、苦情を吸いあげることが職員の仕事である。そのためには聞き上手になること、情報を共有することが大切である。組合員とのあいだでは、コンプライアンスにかかわること以外はすべてオープンにしなければならないという。

何かイベントが終わったら、お世話になった組合員、女性部員へその日のうちにお礼のファックスを入れる。そのあとに反省事項、聞きたいこと、やりたいことを自ら話して、組合員さんから返答をもらい、つぎに実行するときの足がかりにしている。そのとき組合員さんの〝つぶやき〟を聞きもらさないことが大切である。「情報がほしい」「放射能の話が聞きたい」「楽しい農のイベントがほしい」「女性部みんなでどこかへ行きたい」「子どもを外で遊ばせたい」「安心にくらしたい」などのつぶやきを拾って、それを実践に結びつけてきた。

職員に求められる態度とは、組合員・利用者に対してきちっとした態度で接すること、新聞を読むこと、そして何よりも組合員に好かれたい、喜ばれたいと思うことが大切である。組合員・利用者から信頼されるには、「わかりません」「ありません」「できません」はご法度で、この三つを絶対に言わないことが〝コンシェルジュ〟としての農協職員の役割と心がけている。

ここで、コンシェルジュとは、本来は「集合住宅の管理人」という意味しかなかったが、現在ではその解釈を広げて、あらゆる要望に対応する「総合世話係」という職務を担う人の職名として使われている。「決してノーとはいわない」ことをモットーとする、ということをさしている。

じつは、この「JAコンシェルジュへの挑戦」は菅野課長のアイディアではなく、吾妻雄二組合長の組合員に対する約束になっている。組合長自身、職員に対して「できないならおれに言ってこい」「おれが変えてやる」と話しているという。組合長は絶えず各部署を回り、職員に声をかけている。120人の若い職員の名前はみんな覚えている。震災後は電球を一本おきに抜いたし、菅野孝志専務と一緒になって全国の市場を回って、販売のお願いをしてきたともいう。

組合長の職員に対するメッセージは「明るく楽しく元気よく、みんな貴方の笑顔が大好きです」というもので、このメッセージは職場のすべての鏡の下に貼られている。まさにこのメッセージは組合員目線から農協をとらえたものであり、組合員の代表者としての吾妻組合長の考え方をよく表している。そんな組合長がいて、菅野専務、菅野課長がいるのである。

よくＣＳ（組合員・利用者満足）、ＥＳ（職員満足）という表現が農協で使われるが、このＪＡ新ふくしまの取組みを見ていると、ＥＳ（職員満足）なくしてＣＳ（組合員・利用者満足）はないということが実感される。専門用語でいえば、ＯＪＴ（職場内教育）に成功しているのである。

そのことを端的に表すのが、出張報告書に対する吾妻組合長、菅野専務の対応である。菅野課長の話によれば、彼女は毎年2月、全国家の光大会に出席するが、その出張報告書には大会当日の9本の体験発表はもちろんのこと、大会前日に行なわれる地区別審査会の1会場分、21本の体験発表の内容とコメントを記載するのだという。その量もすごいが、短時間の体験発表のポイントをおさえて記述することもすごいと思う。さらにすごいと思うのは、その報告書に対してかならず吾妻組合長と菅野専務からコメントが寄せられるということである。この役員にしてこの担当者ありという思いが強いが、この域まで達しないと、本当の意味の「ミッションで動く職員」は育成できないように思う。

そんな菅野課長が、自らに課しているのが、ホームページに新しい記事を毎日2本以上アップすること、農業新聞に2日に1本以上投稿することだという。これがどれだけ大変かは、じっさいにやった者でしかわからないであろう。JA福岡市と同じように、組織広報課の職員だけが走り回っていてはできない。農協職員みんなが広報担当者にならないとできないのである。それだけの体制がとれているかどうかがポイントである。

そんな職員たちの努力に報いる意味を込めて、吾妻組合長は『JA新ふくしま 3・11からの軌跡』を刊行し、震災の日から3月23日までの活動の記録と、3月23日から翌年の1月31日までにホームページ上に掲載された合計586本の記事を一冊の本にまとめ、組合員代表者や関係者に配布した。そこには4月10日までの1か月間に、組合員、女性部、地域の人たちが協力して合計9万8741個のおにぎりをつくり、被災者に届けられたことも記載されている。

(3) マンネリとトラウマ

JAくらしの活動をはじめ、女性部や青壮年部などの活動に共通する症状として、「続けているとマンネリ」「立ち上げようとするとトラウマ」があることを指摘できる。関係者はこれに頭を悩ますわけであるが、そこから脱する唯一の方法は、JA新ふくしまで行なわれているように「JAコンシェルジュへの挑戦」をかかげ、そこに菅野課長のようなミッションで動く職員を配置することにあると思う。

仲間だけの閉鎖的な活動、自己満足的な活動に終わっていないか、絶えずチェックしなければならない。この点に関連して、2012(平成24)年の第26回JA全国大会組織協議案では、経営管理の高度化の項で、「ＣからはじまるＰＤＣＡ」を提案している。ここで、Ｐは計画、Ｄは実行、Ｃは評価、Ａは実践を意味するが、何かことを起こそうとするばあいにＰ（計画）から始めるのではなく、Ｃ（評価）から始めなければならないということを表している。このＣ（評価）から始めるということは、すなわち、何かことが終わったら、きちっとした記録をつくり、それにもとづいて関係者が討議する、議論するという「討議型民主主義」「熟議民主主義」を導入することを意味する。農協では、生協や労協と比べて、この点が不足しているように思われる。時間的にいうと、しばしば実行よりも討議のほうが長くなるというのが生協や労協のやり方である。そのことが役職員学習活動、組合員学習活動の主要な部分を形成している。農協も時間をかけるのがよいか悪いかは別として、みんなの意見をあわせる作業は絶対に必要である。

もう一点、組合員にとって、外部からの刺激を受けたり、新しい血を注入することも大切である。たとえば、全国家の光大会に参加して、自分たちの活動が、自分たちのためではなく、農協のための活動になっていないか、チェックすることが必要である。あるいはまた、農業新聞、家の光、現代農業、その他単行本などを活用して、全国の取組みのなかから自分たちに足りないところ、自分たちでも取り組めるところを見つけることが必要である。

組合員が自分たちのための活動であることを自覚するうえで、発表会を開催することも効果的である。その典型は各農協で開かれている〝家の光大会〟である。なぜこれが効果的かといえば、そこには人をやる気にさせる四つの要素――「発表する」「ほめられる」「表彰される」「広報される」がすべて含まれているからである。発表するからには準備が必要である。その努力に対してほめてもらうことが必要である。ほめてもらうだけではなく、評価してもらい、つぎの目標を示してもらうことが必要である。仮にその目標が達成されたなら、表彰され、みんなに知らせてもらうことが必要である。こんな要素があって初めて、人はやる気になるのである。

(4) フォーマルな参加とインフォーマルな参加

今の農協の組合員構成は多様であるが、これは農協にかぎったことではない。生協も労協（ワーカーズ・コレクティブ）も多様である。たとえば、生協、ならびにそこから派生した労協（ワーカーズ・コレクティブ）は労働者階級から生まれたと考えられるが、現在の組合員は彼らの属する社会の多様性を反映して、さまざまな層から構成されている。したがって、どの協同組合も、自分たちの組織のアイデンティティの発見が大きな課題となっているのである。

こうした多様性を反映して、今までとは異なる柔軟性のある組合員とのかかわり方、あるいは参加動機の取込みを必要としている。

組合員の運営参加の形態にもさまざまなものがあるが、その基本的な区分としてフォーマル（公式的）な参加とインフォーマル（非公式的）な参加という形態上の違いが指摘できる。ここで、フォーマルな参加とは、総代会、理事会に代表されるように、総代や理事になって初めて行使できる組合員の権利である。大きな協同組合にあってはこのフォーマルな参加は極小化されるのがつねである。その極小化されたものが経営管理委員会であるが、しかし、これらの機関がないと協同組合が動かないということも事実である。

では、組合員にはそれ以外の意思反映の場がないのかというとそうではない。それがインフォーマル（非公式）な参加と呼ばれるものである。たとえば、集落座談会や、女性部、青年部と農協役員との懇談会、地区運営委員会、その他の研修会、学習会などがそれらであるが、さらに拡大解釈すれば、役職員と組合員が接触するすべての活動やイベントもインフォーマルな参加の機会を提供しているといってよいだろう。

そこは柔軟に考えるべきであるし、フォーマルな参加とインフォーマルな参加の相互関連性もあるわけだから、ことさら区分して取り扱うべきものではない。組合員と役職員がコミュニケーションするすべての機会が参加の場を提供していると考えるべきではないだろうか。

問題は、特定の層、たとえば若者たちを引きつけようとしても、この種の組合員もしくは地域住民たちは、割り戻しや組合員特典、具体的にはポイントカードは別にして、インフォーマルな参加にかならずしも興味を示さないという点にある。しかし、仮に協同組合の価値や協同組合の地域社会への関与をうまく若者たちに伝えられれば、彼ら・彼女らのインフォーマルな参加を引きだすことが可能となるかもしれない。たとえば、雇用、安全な食料、自然・環境、エネルギー、福祉、子育て、地域おこし、田舎暮らし、伝統文化など、協同組合が真価を発揮できる領域で、彼ら・彼女らのインフォーマルな参加を引きだすことができるかもしれない。それがどのようなものかはまだよくわかっていないが、あらゆる機会を見つけてそれを特定する作業が必要であろう。

若者にインフォーマルな参加を呼びかける方法として、携帯サイトの活用による情報提供とコミュニケーション（双方向通信）が指摘できる。若者を対象とする研修会や学習会、イベント、キャンペーン活動への参加要請などの手段として、あるいは農協とのコミュニケーションの手段として、広報誌やインターネット、はがき、新聞の折込広告などよりも有効であることが証明されつつある。とくに、農協が参加拡大を期待する「子育て中のヤングミセス」たちは、ふだんから仲間との情報のやりとりを携帯電話で行なっており、自分たちが関心をもつ情報は携帯電話を通して瞬時に伝達されるという特徴がある。

携帯サイトの活用を先進的に行なっているのがＪＡなんすんである。そこでは、静岡県ＪＡグループの決定にしたがって、２０１１（平成23）年度から1支店1協同活動が展開されているが、そのイベント案内や、女性大学（ここでは〝ＪＡなんすん女子大学〟と命名されている）、あぐりスクールなどの参加者募集、「広報なんすん」モニターの募集などで携帯サイトが使われている。

とくに活用のすすんでいるのが女性大学、あぐりスクールで、女性大学では参加者募集、開催通知、出欠確認などに、またあぐりスクールでは参加者募集、子どもたちの受講風景の映像提供、雨天時の開催変更の通知、保護者からの意見収集などに使われている。じっさい、20代から40代までの女性を対象とした女性大学では、ＱＲコードを使っての申込みが多く、募集開始からわずか1週間で30人の定員に対して35人の応募があり、そのうち員外の応募が9割にのぼったとされる。このことは、彼女らにとってパソコンよりも携帯電話のほうが使い勝手がよいことを示している。

興味深いことに、女性大学ではグループでの応募は少なく、個人の応募が多かったそうであるが、その面識のない女性たちが、毎回席をスクランブルさせることにより、だんだんと仲間づくりがすすみ、女性大学以外の場面でもランチを誘いあうような関係ができたとされる。そのあいだの情報交換も携帯メールが使われている。

ＪＡなんすんによれば、現在はまだ開発されてないが、携帯メールを使った運営参加の方法として、たとえば、イベント参加のお礼の連絡をかねたアンケート調査の実施が考えられるとしている。

もちろん、携帯サイトが有効だとしても、そのほかの方法が不要になったというわけではない。広報誌やインターネット、はがき、新聞の折込広告なども従来どおり有効である。大きく分ければ、お年寄りにはアナログ型、若者にはデジタル型の通信手段が有効であり、その使いわけのシーンが今後増えるのは間違いないであろう。

3　教育と共育

組合員の協同活動のうち、ＪＡくらしの活動をはじめ、女性部、青壮年部が行なう社会貢献活動は、市町村（自治会）の公民館活動との違いが明らかではないという指摘が出されている。なぜ、農協が公民館活動と似たような活動を行なわなければならないのかという疑問である。農協は従来どおり結束型の活動を展開すべきであって、橋渡し型の活動はこれを拡大する理由に乏しいのではないかという主張である。仮に橋渡し型の活動に注力するのであれば、公民館活動との違いを明確にしてほしいという要望でもある。

ここでは、以上のような疑問に答えるべく、公民館活動とはどのようなものかを述べたうえで、ＪＡくらしの活動や女性部、青壮年部が行なう社会貢献活動と公民館活動の類似点、相違点を明らかにしたいと思う。

最初に、公民館活動の「公民」とはどのような意味をもつかを説明しなければならない。ここで、公民は市民（シチズン）と同じ意味をもつが、そのばあいの市民とは、地域社会に責任をもつことを自らの責務と考え、かつそのことを自らの誇りとするような人びとのことを言い表している[3]。その彼らが「つどう、まなぶ、むすぶ」、あるいは「であう、ふれあう、まなぶ」というのが公民館活動なのである。

つぎに、学校で行なわれる「教育」と公民館で行なわれる「共育」の違いを説明しなければならない。ここで教育とは、唱歌〝すずめの学校〟で歌われているように、

「すずめの　学校の　先生は、ムチを　振り振り　チイパッパ」

とやるのがその本質である。これに対し、共育とは、唱歌〝めだかの学校〟で歌われているように、

「めだかの学校の　めだかたち、だれが生徒か　先生か」

とやるのがその本質である。ＪＡくらしの活動をはじめ、女性部、青壮年部が行なう社会貢献活動も

また、よりよい地域社会を築くために、組合員と役職員がともに学びあい、ともに力を寄せあうこと、すなわち共育がその原点になっていることは言うまでもない。このような観点に立つとき、ＪＡくらしの活動や女性部、青壮年部が行なう社会貢献活動と公民館活動のあいだには原理上の違いはないといってよいだろう。

もし違いがあるとすれば、それはつぎのような点に求められる。その第一は、農協には教育文化活動の長い歴史と伝統があり、農と農的資源に関する情報とノウハウを豊富に蓄積していること、その第二は、農業普及、生活普及などの行政サービスと強いつながりをもち、関係者が高い専門性を有していること、その第三は、農地や山林など、人びとを結集する活動現場が豊富にあること、の三点である。

このように考えるとき、ＪＡくらしの活動や女性部、青壮年部が行なう社会貢献活動は、公民館活動とは違って、農業、農村という活動現場と、農業者という専門性の高い人的資源がうまくコーディネートされているところにその強みがあることを自覚しなければならない。その強みを自覚し、その強みを発揮することが、農協の地域くらし戦略のなかで生かされ、ひいては地域社会に責任をもつ協同組合として広く社会に認知されるようになることを期待したい。

注

（1）内橋克人『浪費なき成長』光文社、２０００年、１８６～１９２ページを参照のこと。

（2）組合員参加の促進という観点から、組合員、役職員の学習活動を基点に農協のあるべき姿を論じたものとして、石田正昭「促進しよう！JAの参加型民主主義（1）」『月刊JA』第57巻第8号、2011年8月、および「促進しよう！JAの参加型民主主義（2）」『月刊JA』第57巻第9号、2011年9月がある。

（3）公民の意味について、より詳しい説明は、石田正昭「ドイツ協同組合リポート 参加型民主主義―わが村は美しく―」全国共同出版、2011年、107〜108ページを参照のこと。

第14章　JAを変革するトップをつくるには

――JAあつぎ・JA東京むさしの事例

1　「偉大な素人」と「経営の専門家」

レイドロー『西暦2000年における協同組合』の最終章に「将来の発展を導く指導者はどこにいるか」という一節がある。(1) 筆者はこれがこの本のいちばんのハイライトだと思っているが、なぜかあまり引用されることがない。短い一節なので、その全文を引用すると、つぎのようである。

「協同組合組織の基本的性格は、専門的職員を雇用するとともに、一般組合員の中から指導者を選出することを要求する。過去20年間、専門的職員の雇用と訓練に最大の関心が寄せられ、指導者の方はないがしろにされてきた。これからの20年間は、有能な有志の出現をうながし、その人達が指導者になるような方法に第1優先順位をおくべきである。

男女を含む強力な一般組合員の中から選ばれた指導者集団は、たんに協同組合の成功のためだけではなく、新しい種類の社会を建設する方向で努力しなければならない。最良の指導者たちは、協同組合そのものを目的とは考えていないで、よりよい社会秩序のための手段と見ている。一般組合員の中からの指導者がいなければ、事業の経営者や専門家は協同組合を事業優先の組織と判断し、運用する傾向がある。協同組合にとって最も緊急の問題は、専門家や技術者の独占的温存機関たることをやめ、大衆のものとすることである。

協同組合の質は、第一級の指導者が指導しているかどうかにかかっているといっても過言ではない。決して超人は必要でなく、責任をグループやチームの他の人達と分ち合えるような民主的指導者が必要なのである。一級の指導者と一緒に仕事をしたがるのは一流の人達である。しかし、二流の指導者のまわりには、三流の人達しか集まらない。

一般組合員から選ばれた指導者の訓練や養成は、教育機関や継続的教育計画にかかわりをもった協同組合的方法で実施するのが有利である。」

ここから読みとれる第一は、農協の指導者集団としての常勤役員は、一般組合員のなかから選ばれた指導者と、農協の経営実務を担う専門的職員の両方で構成される必要があること。そして、一般組合員から有能な指導者が輩出されないと、常勤役員は実務を担う専門的職員で支配されるようになることである。その第二は、その一般組合員から選ばれる指導者は、農協を目的とはみなさず、社会変革の手段とみなすこと。そして、農協を民主的かつ効果的に運営することにより、よりよい地域社会の建設に努力することを期待されることである。その第三は、一般組合員から選ばれる指導者は意識的に訓練、養成することが必要であり、農協はそのためのプログラムを用意しなければならないことである。

筆者は、かねがね、レイドローのいう一般組合員のなかから選ばれた指導者を「偉大な素人」、実務を担う専門的職員を「経営の専門家」と呼び、農協にはこの2種類の常勤役員が必要であると主張してきた。経営の専門家は足下を見つめ、偉大な素人は地平線を見つめる。両者の役割はけっして同じではない。だからこそ、この両者がトップマネジメントを形成することが重要なのである。

農協の常勤役員の役割は、組合員に農協への参加・参画の誘因を与えることにある。そのためにはいくつかの要件がある。じっさいにその要件を備えている農協はそれほど多くないと思われるが、①常勤役員の結束が必要である。これは、おのおのの常勤役員が自分の考えていることを勝手に述べるのではなく、みんな同じことを述べなければならないことをさしている。ばらばらの印象を与えるのが最もよくない。②わかりやすい経営ビジョンを語ることが必要である。経営の専門家や連合組織、さらには行政庁が使う言葉は、組合員には通じない。通じない言葉を使っていたのでは信頼関係は形成されない。各地の農協のなかで最も簡明で、最もポイントを押さえている経営ビジョンは、ＪＡたじまの基本方針（スローガン）「たじまに生きる、たじまを活かす」ではないかと思う。③ぶれてはいけない、ということである。これは愚直に同じことを言う、同じことをくり返すことによって、聞き手がその意味を考えるようになり、その結果、言葉に実体がついてくることを言い表している。④

組合員との車座対話を重ねることが必要である。組合員の信頼はこの対話の回数によって定まる。集落座談会をはじめとして、各地・各層の会合に出かけていって腹を割って話すことが重要である。そのばあい農協からの説明になってはいけない。組合員からみると、それは釈明や言い訳に聞こえるからである。

以下では、以上の諸要件を満たす農協としてＪＡあつぎを取り上げたいと思う。ただ単に諸要件を満たすのみならず、トップの意思によって農協を変えた典型的な事例と思うからである。なぜ変えることができたのか、そこがポイントである。結論をいうと、偉大な素人と経営の専門家の歯車がきちっとかみ合ったからである。仮に経営の専門家だけで農協を変えたのであれば、ここでは取り上げなかったであろう。

2　「夢ある未来へ」を合言葉に

ＪＡあつぎは、１９６３（昭和38）年７月、神奈川県厚木市内７農協の合併により厚木市農協として設立され、ついで１９６９（昭和44）年５月、その厚木市農協と清川村農協が合併して設立された。２０１２（平成24）年２月末日現在、正組合員４６０５人、准組合員１万２２２３人の中規模農協である。小田急線で新宿まで50分、地理的にも恵まれた都市農業地帯に位置する。

しかし、この立地条件が災いして、金融・共済事業、資産管理事業を中心に運営していたため、営農指導は縮小の一途、販売はノータッチで組合員まかせという状態が続いていた。経営そのものは順調であったが、２００３（平成15）年の青山学院大学厚木キャンパスの撤退などもあり、地域の魅力が急速に失われていった。金融・共済、資産管理が柱といっても、推進の対象はその多くが高齢者であり、このままでは農協の将来はないという危機感に覆われた。

このままではいけない、組合員、とりわけ次代を担う人びとの信頼を取り戻すには協同組合の原点に戻り、教育文化活動を農協運営の基本に据えなければならないと考えるようになったのは２００６（平成18）年のことである。それ以来、役職員が先進農協と言われるところへ出かけていっては勉強し、まずは「まねる」ことからスタートしたとされる。その取組みは、今ようやく自前のものになったという。

２００６（平成18）年に新たに常勤役員に就任したのが、井萱修己専務（現組合長）、大貫盛雄常務（現専務）、森久保博常務（現退任）の3人であった。非常勤理事だった井萱氏を専務に据え、その補佐役として実務精通者の大貫氏と森久保氏を登用するという当時の加藤久組合長の人事が奏功した。農協の将来を見つめ、あるべき姿を追求する井萱専務と、井萱専務の意向をふまえ、その実現をめざしつつも、足下をしっかりと見つめる大貫常務、森久保常務という組みあわせである。このパワーが結集したからこそ、農協変革への舵が切れたのである。

とくに井萱専務は、ＪＡ全中主催の「ＪＡマスターコースⅢ」を２００６（平成18）年に半年間受講し、農協の存在意義とは何か、農協の使命はどこにあるかを学んだことがビジョンづくりに役だったとされる。(2)青壮年部からは「農協は組合員のために何もしてくれない」という批判、不満が出ており、そのことを出発点に井萱専務、大貫常務、森久保常務の議論が始まった。

そこから出てきた答えが「組合員のためになる農協になる」、また「費用対効果」の効果については、組合員の満足度ではかるというものであった。こうした考えのもと、2008(平成20)年4月に指導販売部地域農業対策課を新設し、今までおろそかになっていた①多様な担い手の確保・育成をはかる(隣接するJAはだのと同様の「農業塾」の設置)、②遊休農地の解消をはかる、③鳥獣被害対策をはかる、という取組みと、その販路としてファーマーズ・マーケットを開設し、農家手取りの向上をはかるという取組みが生まれた。ファーマーズ・マーケット「夢未市」は2009(平成21)年12月にオープンしている。(3)

夢未《ゆめみ》という名称は、公募によって選ばれたが、以前から組合理念として「夢ある未来へ、人とともに、街とともに、大地とともに」を掲げていたことから命名された。今では女性大学は「夢未スクール」、食と農を学ぶ体験教室は「夢未塾」、次世代向け食農教室は「夢未Kidsスクール」、女性部のボランティアグループは「ゆめみ隊」、ゆめみ隊による子育て支援活動は「ゆめっこくらぶ」など、あらゆる取組みに夢未がつけられている。

こうした取組みにもかかわらず、一般職員、とりわけ支店長クラスへの理解の浸透は乏しく、その意識改革の意味を込めて2010(平成22)年度を「教育文化活動元年」と宣言し、趣旨の徹底に乗りだした。具体的には、各支店において組合員参加型の組合員組織活動を活発化させるため、常勤役員、部長、室長、支店長などを構成メンバーとした「教育文化活動推進委員会」を立ち上げ、この委員会にプロデューサー機能を、また支店にディレクター機能を担わせつつ、組合員を主役とする教育文化活動の展開に乗りだした。

ＪＡ福岡市の支店行動計画に相当するものであるが、支店は支店の「こうありたい」という目標を自らが定め、組合員には利用者ではなく、運営者の感覚で支店に来てもらうようにする。そういう組合と組合員の関係をつくるにはどうすればよいか、それを組合員と職員に徹底的に考えさせるというのがこの運動のミソである。

そのなかから、13支店（＝支所）のうち相川支店と睦合支店で自立のめばえが出てきたとされる。この2支店をモデルに、その経験をほかの支店にも広げていくことが現在の課題である。さいわい農家組合長会（ここでは生産組合長会と呼ばれる）の会長が相川地区の出身なので、組合長会を通じてそのことの理解が広がりつつあるとされる。これはトップが農協変革の舵を切っても、ただちには末端まで届かないことを意味しているが、一歩一歩すすんでいることを示すものである。

この運動の一環として、各支店では地域ぐるみでの子育て支援を目的とした「ゆめっこくらぶ」やミニデイサービス「いきいきクラブ」が実施されるようになっている。この「いきいきクラブ」は助けあい組織「すずしろ」（ヘルパー31人）と女性部員の協力を得て各支店で開催されている。こうした地道な活動が周囲にも伝わるようになり、次世代層を中心に農協の評価も上がっている。

もうひとつ、教育文化活動が活発になるにつれて注力したのが広報活動である。そのひとつが、

ＪＡあつぎがよくわかるＤＶＤの制作である。このＤＶＤは、組合員、職員が農協運動やＪＡあつぎの組合理念をよりよく理解するため、役職員の学習会や地区別総代会議、地区別座談会、女性部や青壮年部の学習会などで活用されている。以前は図書が使われていたが、農協の理念や活動を伝えるには文章よりも映像のほうがわかりやすいことからＤＶＤに切り換えた。

２０１０（平成22）年度仮決算期から導入されたが、組合員の会合ではかならず見せるため、すぐに陳腐化する。このため半期に一度、最新版をつくれというのが組合長の命令である。これにより組合員にはいつも新鮮な情報が提供される。

広報担当者のもう一つの大きな役割は、日本農業新聞、家の光への出稿回数を増やすこととである。日本農業新聞には年間２００本以上を出稿している。記事にされて喜ぶのは組合員で、さらなる活動の原動力となる。それにともない井萱組合長のメディアへの登場回数も格段に増えている。

増えて喜ぶのは井萱組合長ではない。組合員であり職員である。自分たちの活動が、あるいは自分たちの農協が、みんなから注目されている。以前ではあり得なかったことが起こっている、そんな印象をもつようになった。注目されることが誇りに思えるようになったのである。井萱組合長は言う。

「わたしはＪＡの広告塔だ」

こうしたＪＡあつぎにはかつて浴びせられたような青壮年部からの批判、不満はまったくない。

女性部からも好評で、信頼の関係で結ばれている。まさに農協のなかにコアの正組合員層が形成されたのである。

本格的な農協改革の検討に着手してからわずか６年、そのレベルは先進農協とは比べものにならないかもしれない。しかしトップが変われば農協はかならず変わる。そんなことを実証してくれているのがＪＡあつぎである。金融農協に傾斜していては農協の将来はない。あるいは金融農協であるからこそ、組合員と組合の関係性を正常化することが大切である。ＪＡあつぎのこの経験を、多くの金融農協、あるいは金融農協を志向する多くの農協は真摯に受け止めなければならないであろう。

３　「偉大な素人」をつくるには

ＪＡあつぎを例にとれば、井萱組合長は「偉大な素人」である。また、大貫専務、森久保常務は「経営の専門家」である。この偉大な素人と経営の専門家の結束によって今日のＪＡあつぎが生みだされた。通常、経営の専門家はその供給源が確保されている。しかし、偉大な素人はかならずしもそうではない。ＪＡあつぎのばあい、たまたま井萱氏という人材が一般組合員のなかにいて、その彼を引き立てる前組合長がいたから、変革のきっかけがつくれたのである。

では、こうした偉大な素人はどうすれば継続的に供給できるようになるのであろうか。たとえば、第１章で述べた北海道・十勝であれば、専業農家層という部厚い供給源が確保できるであろうが、都府県のばあいはそうではない。レイドローがいうように、その縮小する供給源から偉大な素人をつくりだす仕組みが必要とされる。そんな状況におかれているのが都府県の農協なのである。

しかし、その方法は残されている。そのことを実証しているのがＪＡ横浜、ＪＡ東京むさしなど、首都圏の農協が行なっている「組合員大学」の開講である。ここではＪＡ東京むさしを事例にそのことを検討したいと思う。

ＪＡ東京むさしは、１９９８（平成10）年、三鷹市、武蔵野市、小金井市、国分寺市、小平市の5農協が合併し、設立された。管内人口は72万人、35万世帯であるの対し、正組合員は３１５５人、２２４１世帯で、人口では０・４％、世帯数では０・６％という組織率である(4)。

市街化区域内農地面積は６７３ha、そのうち生産緑地面積は５８９haで、農業生産額は23億円にのぼる。この農協には野菜、植木・園芸、果樹の各生産部会があり、アスパラ、タケノコ、ナス、ウド、カキ、キウイ、バラ、植木、鶏卵などが生産され、農協の直売所のほか、市場やスーパーへ個人出荷されている。首都圏のど真ん中に位置するため、販売に苦労するということはまったくない。

しかし、本農協最大の組合員組織は資産管理部会で、会員数は１４０７人、正組合員世帯の71％が加入している。また、一括貸オーナー会という部会もあって、これには41人が加入している。これだけの組織率を維持できるのは、都市農業を守る、あるいは都市農家の財産を守るという姿勢が徹底しているためである。

ＪＡ東京むさしの強みは三つある。第一は「組合員目線の都市農業振興」、第二は「強固な経営基盤」、第三は「協同組合人の育成」である。２００９（平成21）年度決算では、当期剰余金16・7億円、正組合員1戸あたり75万円を記録している。高い貯貸率と内部留保の結果である。

農協運動を推進しているのが6人の常勤役員たちで、組合長、副組合長、専務として代表権を有する3人が生産農家から選出され、実務精通役員として常務を担うのは3人である。つまり、偉大な素人が3人、経営の専門家が3人という配置である。この6人の堅い結束が力強いＪＡ東京むさしを形成している。とくに武藤正敏組合長は旧三鷹市農協の青年部長、都青協の副委員長の経験者であり、農協運動に精通している。

ＪＡ東京むさしの青壮年部は３７７人であるが、その代表が理事会に設置された3つの専門委員会（総合企画、地域振興、金融共済の各委員会）に2人ずつ参与として審議に加わり、将来的に農協役員に就任したばあいの知識と経験の習得に努めている。彼らには、都市農業を守るという観点から、「政治家と対等にわたりあえる能力」「衆参両院の公聴会によばれても堂々と答弁できる能力」「全青協の活動実績発表会などでもみずからの思いを主張できる能力」などを涵養することが求められている。

須藤組合長はこう言う。「次代のリーダーづくりはわれわれの務め」と。常勤役員のあいだでは、そのことがたえず話題になっている。こうした志向の延長線上に「組合員大学」が位置づけられるのである。

2011（平成23）年1月、男性16人、女性12人、合計28人の第一期生が組合員大学を修了した。その第1回目の講義には須藤組合長が登壇し、協同組合論を語っている。2年間で合計10回の講義と卒業視察旅行（ニュージーランド）が実施されたが、修了時には「リーダーとは」というテーマで卒業論文の提出と口頭発表が義務づけられた。立派な卒業論文集が刊行されているが、それを見るといずれも力作ぞろいである。

重要なことは、この組合員大学が次代を担うリーダーたちの登竜門となっていることである。希望すれば誰でも受講できるというものではない。受講にあたっては各地区の推薦を必要としている。単に青年部活動、女性部活動で頑張っているだけではなく、地域からの信任を得ることが必要である。あいつなら将来をまかせられるというお墨つきが必要なのである。そういう人材を発掘するうえでも、組合員組織活動はこれを活発化し、一人でも多くの参加者を確保しなければならない。そのなかから、本人の意向も含めて、これはという人材を発掘できるようになるのである。これはどの農協にもあてはまることがらである。

言い換えれば、すぐれた役員力（構想力）を引きだすには、リーダーとしての資質を涵養するための本格的な訓練、養成の場をつくることが必要であり、そのためには組合員組織活動を活発化させ、人材をプールすることが求められる。これを逆にいうと、組合員組織活動が活発ではない農協では人材をプールすることができず、したがって、そのつぎのステップである本格的な訓練、養成の場も設置することができない。組合員学習活動というのは、終局的には、次代を担うリーダーたちを育成するためにあるのだといってよいだろう。

一方、経営の専門家を育成するための取組みとしては、ＪＡ全中マスターコースへの派遣が傑出している。２０１０（平成22）年度までに全期間と特定期間をあわせて24人を派遣しているが、このなかには若手の精鋭職員のみならず、代表理事専務のほか部長クラスも含まれている。

若手職員の派遣にあたっては所属長の推薦が必要であり、ついで候補者自身が作文を書き、審査を受けることになっている。さらには職場からの長期離脱の可能性が検討され、その結果、可とされる者だけが派遣される。つまり、職員にもスクリーニングがかかっているのである。

このマスターコース派遣の成果について、須藤組合長は「ものの見方が変わった」「提案型になった」「手づくりの計画書がつくれるようになった」「セオリーどおりにやることの重要性が理解されるようになった」「ものごとを長期的、計画的にすすめることの重要性が理解されるようになった」など、ポジティブな評価を与えている。

注

（１）日本生活協同組合連合会『西暦２０００年における協同組合』日生協、１９８０年、１５３〜１５４ページ。

（２）井萱組合長は、２０１２（平成24）年度農協人文化賞（農協協会主催）を受賞している。井萱氏の農協運営の体験と抱負がその受賞式のなかで語られている。「信用部門　私の体験と抱負　井萱修己」農業

協同組合新聞、2012（平成24）年8月10日号を参照。
（3）井萱組合長、大貫専務の体制になったのは2009（平成21）年5月からである。ファーマーズ・マーケットや指導販売部地域農業対策課の設置など、農協改革の取組みは、実質上その3年前からこの両者と森久保常務を加えた3者体制ですすめられてきた。次期の常勤役員たちにこうした改革をまかせた加藤久前組合長の判断、姿勢は正しかったと言えるだろう。
（4）本章は、石田正昭「新たな協同を求めて 東京都JA東京むさし① 環境条件を生かした盤石なJAづくり」家の光協会『JA教育文化』第129号、2011年6月、および石田正昭「新たな協同を求めて 東京都JA東京むさし② 組合員目線の都市農業振興」家の光協会『JA教育文化』第130号、2011年7月にもとづいて記述されている。取材は2011（平成23）年3月に行なわれた。

終章　農協は地域に何ができるか
——総合力を生かして地域みんなの幸せづくり

1　社会的経済の一員としての農協

序章「農協は地域に何をすべきか」では、農協もまた協同組合であることから、経済的目的と社会的目的の両方を備えた「社会的経済」の一員としてふるまうべきことを指摘した。経済の論理だけで動くのではなく、広く社会の問題にも関心をもたなくてはならないと述べたつもりである。それはつまり、たとえば行動の基準を効率性だけにおくのではなく、有効性にも配慮し、経済的・社会的弱者の観点から行動すべきことを言い表している。あるいはまた、トップマネジメントの観点からいえば、「経営の専門家」だけにまかせるのではなく、一般の組合員のなかから選ばれた「偉大な素人」を育成し配置すべきことを言い表している。どちらかに傾くというのではなく、両者のバランスをとることが重要である。

こうした「べき論」をふまえて、これまでの各章ではその現実解を全国の事例のなかから見いだそうと努めてきた。それは全国で行なわれている取組みのほんの一部を切り取っただけにすぎないが、組合員の幸せづくりだけではなく、地域みんなの幸せづくりにも取り組んでいる姿が読みとれたのではないかと思う。共助・共益の組織ではあるものの公益を配慮した組織であることを示せたのではないかと思う。ただし、そのことを意識的に事業運営の柱に据えている農協は数が少ないと思うし、あるいは方向が反対の経済の論理を貫徹させようとする力も働いていないというわけではない。

本書を閉じるにあたり、いま一度、社会的経済の一員として農協がふるまうための条件をいくつか指摘し、そのことを強く意識することにより、地域社会の期待に応える農協づくりに反映させてもらいたいと思う。

その第一は「地域に根ざした協同組合」たれということである。ここで地域に根ざしたとは、人と人とが助けあって生きていく社会的システムのなかから生まれたということを表し、また協同組合とは、人びとの自発的協力の組織であるということを表している。その使命は、ともすれば縮小しがちな家族、地域社会に代わって、弱い者を支え、刺激し、全体として社会システムの再活性化(地域の再生)をはかるということにある。「農業集落の機能がつぶれれば農協もつぶれる」という村上光雄ＪＡ全中副会長の発言は、非常に重たい意味をもっている。

その第二は「地域社会に責任をもつ協同組合」たれということである。これは「地域に根ざした協同組合」と同じように聞こえるかもしれないが、筆者のなかでは別の意味をもっている。とくに「責任」という言葉にこだわっているのであるが、協同組合は「市民（シチズン）」によってつくられた組織であり、その市民とは、地域社会に責任をもつことを自らの責務と考え、かつそのことを自らの誇りとするような人びとのことをさしている。すなわち、組合員が保持すべき心性を言い表しているのである。農民は市民ではないというかもしれないが、ここで述べたような「市民」であれば、それは都市よりも農村に数多く残されているというのが筆者の判断である。

その第三は、「農を基軸とした協同組合」たれということである。農協は、農と農的資源に関する情報とノウハウが豊富にあり、また農業、農村という活動現場と農業者という高い専門性の備えた人的資源をかかえていることから、それらをうまくコーディネートすることで地域社会において独自の役割を発揮しうる組織だと考えられる。農業者の数や農業生産額からみればマイナーな存在かもしれない。しかし、それによって支えられる産業や消費者の数は途方もなく大きい。食料の生産と消費の社会的連帯を考えれば、正組合員の何倍もの准組合員がいても不思議ではない。問題は正組合員対准組合員の比率にあるのではなく、地域の消費者のうち、どれだけの人びとから支持を得ているのか、言い換えれば、非農家世帯のうち、どれだけを准組合員として組織しているのかという点にある。これをバロメーターに自らの力量を測ることを提案したい。

と同時に、正組合員であっても、農協を比較選択の対象とし、利用、参加の薄い正組合員が多いというのでは、消費者の支持も得られないし、協同組合としての本来的な役割を果たすこともできない。農協を比較選択の対象としない正組合員、言い換えれば利用と参加の濃いコアの正組合員をいかに増やすかが農協の課題である。こうしたかたちの自覚的組合員をつくるには自覚的役職員をつくることが先決であり、役職員学習活動を基点に農協をつくり変えることを提案したい。

その第四は、以上の諸点をふまえて「農協固有の価値とは何か」をたえず考える組織であってほしいということである。かつては〝土着性〟と指摘された時代があったが、それは結束型の組織特性を言い表すものであって、未来志向になっていない。現代的にいうと、組合員・利用者が望んでいて、資本制企業では提供できないが、農協が提供できる、そういう価値のことをいう。その価値はそれぞれの農協で組合員と役職員との対話のなかから見いだされるべきものであり、ここで安易に引きだせるようなものではない。とはいえいくつかの発見はあった。〝ふれあい〟なり〝心の光〟がそれであるが、これは農協が「地域の人びとのよりどころ」になっていることを言い表したものである。

2　農協は誰のものか

ただし、気になること、それも非常に気になることがひとつある。それはトップマネジメントのあり方についてである。多くの農協で常勤役員を務める人びとが農協、連合組織、行政庁の出身者で占められていることである。純粋に組合員農家の出身者というのは少ない。能力のことをいっているのではない。属性あるいは選出の仕組みのことをいっているのである。組合員組織活動を活発化し、そのリーダーのなかから「偉大な素人」を育てる仕組みが失われつつあることを問題にしているのである。

理由をあげればきりがないが、そのうちで最も基本的なことは、かつては〝制度農協〟と呼ばれ、行政庁の支援と権威づけのもとで発展してきたこと、しかしいまはその行政庁に代わって企業体として独自に成長する道を歩み、〝協同組合企業体〟として自立しようとしていることである。[1]言い換えれば、「農協は誰のものか」という問いかけに対し、組合員のものではなく、かつては行政庁のもの、しかし今は協同組合企業体（農協自身）のものというのが正解となる。

協同組合企業体としての成長の歩みは統計データでもはっきりと読みとれる。図終-1がそれである。ここではつぎの3つを図示している。

固定比率＝組合員資本／固定資産
出資金比率＝出資金／組合員資本
内部留保率＝1－（出資配当金＋事業分量配当金）／当期未処分剰余金

まず、固定比率であるが、1980（昭和55）年代前半に組合員資本が固定資産（外部出資を含まない）を上まわり、組合員資本（＝自己資本）不足の状況が解消している。[2]2009（平成21）年度の固定比率は179・4である。

ただし、この組合員資本の充実は組合員の出資金によるものではなく、法定準備金、準備金、積立

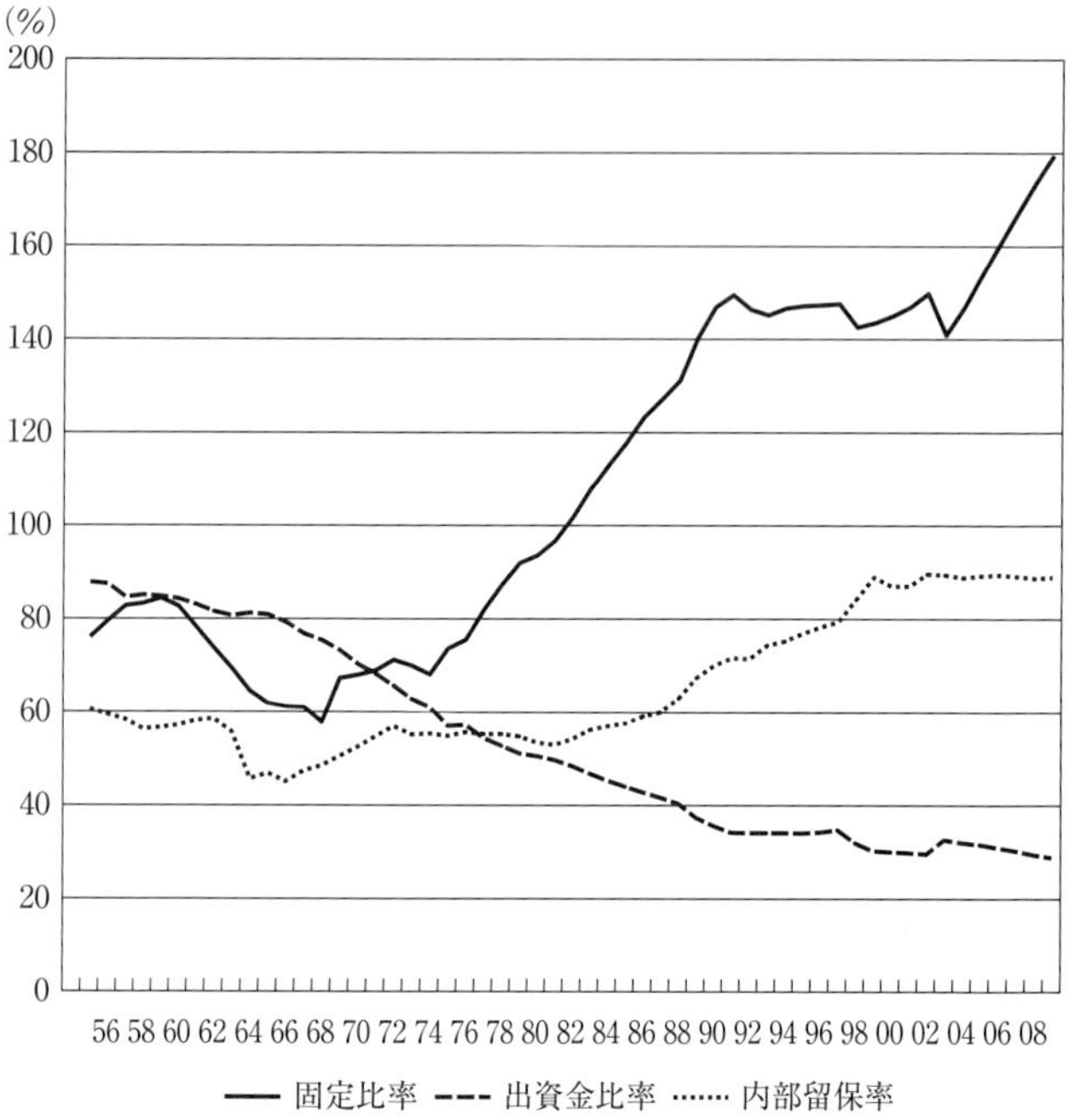

図終−1　農協の資本構成の変化（1955〜2009年）

資料：農林水産省『総合農協統計表』（各年版）

金など剰余金からの内部留保によるものである。つまり、内部留保の拡充によって組合員資本の充実をはかり、固定資産の取得をともないながらも財務内容の改善に努めてきたことを表している。

　剰余金のうち、どれだけを内部留保にまわすかは内部留保率によって把握できるが、かつてそれは40〜60%の範囲に収まっていた。しかし、1980（昭和55）年代後半以降は上昇トレンドに入り、2000（平成12）年代に入ってからは90％近くをキープしていることがわかる。ちなみに２００９（平成21）年度の内部留保率は88・８％である。言い換えれば、出資配当金、事業分量配当金による組合員への還元は11・２％にとどまっている。組合員の期待にどう応えるかは農協によってさまざまであるが、出資や利用に対する還元ではなく、内部留保の充実によって協同組合企業体の安定をはかることを還元の基本においていることが読みとれる。

この内部留保による資本蓄積は、農協の組合員資本が組合員の組織力の反映とされる出資金から、企業体による経営努力の成果とされる剰余金に依存するものへと推移していることを表している。その結果、出資金比率、すなわち組合員資本に占める出資金の比率は、この期間一貫して低下し続け、２００９（平成21）年度では28・６％にいたっているのである。

本来的には、内部留保は組合員の利用にもとづく剰余金を蓄えたものであるから、組合員のものである。しかし、その個人持ち分は組合を解散するときにはじめて分配されるものであり、通常は「総有」つまり〝みんなのもの〟とされ、組合員には使用権だけが認められているにすぎない。この種の組合員資本は、誰にも属さないという意味で「不分割組合資本」と呼ばれる(3)。

この不分割組合資本の善良な管理は、農協もしくは連合組織の出身者にゆだねるのがふさわしく、その意味で農協のトップマネジメントを彼らが担うというのは何ら不思議なことではない。ただし、それはとりもなおさず協同組合企業体としての成長、成熟を表しており、それにともない組合員が農協を比較選択の対象とみなす性向が高まること、したがって農協が、銀行や保険会社、メーカーや商社など資本制企業との競争にさらされることを余儀なくさせる。農協で現実に起こっていることはまさにそういうことだといってよいだろう。

ちなみに、内部留保にもとづく協同組合企業体としての成長と成熟は、その配当政策からも読みとれる。『総合農協統計表』によれば、２００９（平成21）年度において、出資配当を実施した農協は６１５、比率にして83％であるが、そのうち４％以上の出資配当率を確保した農協は42、比率にして６％にすぎない。しかし、それを都道府県別にみると、愛知15（85％）、神奈川５（36％）、東京５（31％）、静岡４（21％）、兵庫３（21％）などが上位にランクされ、これらの都県において長年にわたり内部留保を優先させてきたことがうかがわれる。そこでは出資金はもはやコストの安い資本ではなく、出資配当金が事業利用の感謝の意味を込めた、組合員への利益還元の強力な手段として使われていることを示している。

こうした配当政策をただちに否定するわけではないが、もう少しちがった方法、たとえば組合員の参加・参画あるいは組合員によるＮＰＯ活動の奨励など、別のかたちの還元方法もあるのではないかと考えるのは筆者だけであろうか。

３　地域のライフラインとしての農協の総合力

農協固有の価値、これを本書では〝ふれあい〟とか〝心の光〟などではないかと述べてきたが、

表終－1　地域のライフラインとしての農協の総合力

機能	JAの事業・活動（例）
生活インフラ	生活事業、SS・LPガス、太陽光・小水力・バイオマス発電
衣	生活事業
食	Aコープ、ファーマーズマーケット、共同購入・JAくらしの宅配便、食材宅配、配食サービス、移動購買車
住	宅地等供給事業・賃貸住宅、共済事業（建更）
所得（雇用）	介護スタッフとしての雇用、直売・加工事業、農業塾、年金
金融・共済	信用事業・共済事業
医療・福祉	厚生連病院・診療所、介護保険事業・助けあい活動等高齢者福祉、配置家庭薬、配食サービス、買い物代行、声かけ運動
健康	健康診断活動、JA健康寿命100歳プロジェクト、軽農作業
生活文化・教育	交流事業、食農教育、料理教室、あぐりスクール、地域の伝統継承、学校給食への食材供給、地産地消、教育文化活動、情報提供活動
環境	地域の美化活動、再生可能エネルギー活用、棚田・段畑保全
防犯・防災	子ども100番等見守り、防災用品配備、地域防災対策、JA間交流
コミュニティ	集落座談会、JA祭り、旅行事業、葬祭事業、直売・加工所、助けあい活動、農家レストラン等コミュニティビジネス
家族・生きがい	相談活動、市民・体験農園、各種女性部・フレッシュミズ活動

出所：全中『次代へつなぐ協同』（第26回ＪＡ全国大会組織協議案）

じつはもうひとつの有力な対案がある。それは２０１２（平成24）年の第26回ＪＡ全国大会組織協議案で提案されている〝地域のライフライン〟である。

組織協議案ではつぎのようにうたわれている。

「ＪＡの総合事業・活動を通じて地域のライフラインの一翼を担い、多様な組合員・地域住民・ＮＰＯ・学校・行政等関係機関とともに、災害対応を含め地域を協同で支え、『豊かで暮らしやすい地域社会の実現』をめざします。」

その全容は表終－1に示すとおりであるが、これは、生活インフラ（交通・輸送・通信・電気・水道・

ガス・ガソリン）、衣・食・住、所得（雇用）、金融・共済、医療・福祉、健康、生活文化・教育、環境、防犯・防災、コミュニティ、家族・生きがいなどの面で、「JAくらしの活動」と「JA事業」が連携することによって、大震災など〝いざ〟というばあいの助けあいも含めて、地域社会のセーフティネットとしての役割が農協に与えられていることを示している。

JA紀の里の女性部がオムツ、使いきりカイロ、生理用品などの生活用品をJAいわて花巻女性部へ震災直後に送ったことからもわかるように、農協間の組合員組織活動の交流がセーフティネットの役割を果たし、そのことが農協固有の価値を生みだしているという理解である。このばあいには事業の総合性という枠組みを超えて、農協の総合力が発揮されたといってよいであろう。

ここで、農協の総合力を発揮するものとして三つの協同ないしは協働があることを指摘したい。その一つは農協事業、もう一つは厚生連（厚生病院と農協が連携した地域活動）や農協観光（農協間交流の橋渡し事業）、農業新聞・家の光（情報提供による組合員組織活動の促進）などJAくらし活動を直接サポートする諸事業であり、さらにもう一つは組合員組織活動そのものである。

これらの事業と活動が縦糸と横糸となり、一枚の織物となったのが「地域のライフラインとしての農協の総合力」ということができる。縦糸が強くなっただけでは織物はできない。また、縦糸がなければ、横糸はその役割を発揮できない。その意味で相互依存の関係が成立しているが、その織物を現実に編むのは「支所・支店」においてである。

支所・支店は、事業の拠点であると同時に、組織の拠点でもある。あるいは地域社会との接点である。これを金融店舗化するのは、むざむざと総合力発揮の役割を放棄することに等しい。

そもそも人と人とが助けあって生きていくべき農業集落を、出し手（農家組合）の領域は支店・支所で、受け手（担い手経営体）の領域は営農センターで受けとめるという2階建ての発想自体が危うい。この発想からはもはや集落営農などという助けあい組織は生まれてこない。農地を利用権設定で貸してしまうと農業者ではなくなり、正組合員の資格を失うことになりかねない。こうなると、農協への関心はもとより、農業への関心も薄らいでしまう。「人・農地プラン」はそれを促進させる政策であるが、これに加担するのは農業集落の崩壊であると同時に、農協の崩壊の始まりでもある。

今のままの体制で、すなわち支所・支店と営農センターが併存するかたちのまま、しかし農協の崩壊をくいとめたいならば、組合員の異質化を助長し、利害対立が顕在化することを承知のうえで、役員選出を農家組合ではなく活動組織を基礎に再編するという大手術が必要である。農家組合もそれが機能しているならば役員を選出し、活動組織、たとえば生産部会、女性部、青壮年部もそれが機能しているならば役員を選出するというかたちに改めなければならないであろう。それはそれで違った組織論、事業論を提示できると思われるが、ここではそれに深入りする余裕はない。

当面の現実的な解決策は、第12章のJA山口中央のように、金融店舗＋α《アルファ》化、すなわち中学校区を単位とした支所・支店において、営農とくらしの相談窓口、および農家組合、女性部、助けあい組織などの組合員組織の事務局機能を整備することにある。金融窓口もくらしの相談窓口の一部署として位置づけるべきであろう。

重要なことは、組合員の参加・参画を促進し、農協を比較選択の対象とはみなさないコアの正組合員をどれだけ多くつくれるかという点にある。世代交代が確実にすすむなかで、それが容易ではないことは十分に予想できるが、役職員学習活動、組合員学習活動を基点にそれに取り組むことが農協人の務めだと思う。

4 「意志論」にもとづく農協運動の方向づけ

すでに第12章で「組織活動が元気な支店は業績がよい」という分析結果が発表されていることを述べたが、これは滋賀県立大学の増田佳昭教授を主査とする（社）農業開発研究センターの研究グループが、宮城県、香川県内の農協支店を対象に「支店の地域活動と経営成果との相関に関する計量分析」を行なった結果見いだされたものである。

増田教授は「少なくとも『組織活動が元気な支店は業績もよい』という、ある意味ではあたりまえの事実が、統計的に確認できたことはだいじだと思います。『手間ばかりかかって事業成果に結びつきにくい』などと考えられてきた組織活動が、じつは事業成果と結びついていたことは、組合員活動や地域向け活動にがんばってきた支店長や担当者を、おおいに励ますものであることはまちがいないでしょう」と結んでいる(4)。

この研究のポイントは、「地域活動が活発」と「支店の業績がよい」のあいだに、「地域活動が活発」⇕「支店の業績がよい」という相関関係が見いだされたことにある。すなわち、「地域活動が活発」→「支店の業績がよい」をA、「支店の業績がよい」→「地域活動が活発」をBとすれば、AとBが同時に作用していることを見いだしたことにある。ただし、増田教授の研究グループは非常に慎重で、このAとBの相互作用がどこからもたらされたかについては将来の課題として明らかにしていない。その両者に影響を与えるものを「X」として空欄にしているのである。

あえてそのタブーに筆者が踏み込むとすれば、「X」の候補として二つのことが指摘できるように思われる。一つは「決定論（ディターミニズム）」の考え方である。それはすなわち、もともとその地域は人と人とのつながりが強く、活動も事業もすばらしい成果をあげられる地域であったということである。パットナムの用語を借りれば、ソーシャル・キャピタル（社会関係資本）[5]が豊富だったということを表す。仮にこの立場をとるならば、「地域活動が活発」も「支店の業績がよい」も支店長や担当者の努力の結果ではない。組合員のまとまりのよいことがその原因である。言い方を変えれば、人為では動かしがたい決定論の世界に入ることになる。

もう一つは「意志論（ボランタリズム）」の考え方である。それはすなわち、人の意志によって「地域活動が活発」と「支店の業績がよい」の両方がつくりだせるというものである。

ここでは、決定論と意志論のどちらが正しいかを問うことが目的ではない。仮に意志論の立場をとれば、どのようなことがいえるのかを考えたいだけである。そのことを示しているのが図終-2であ

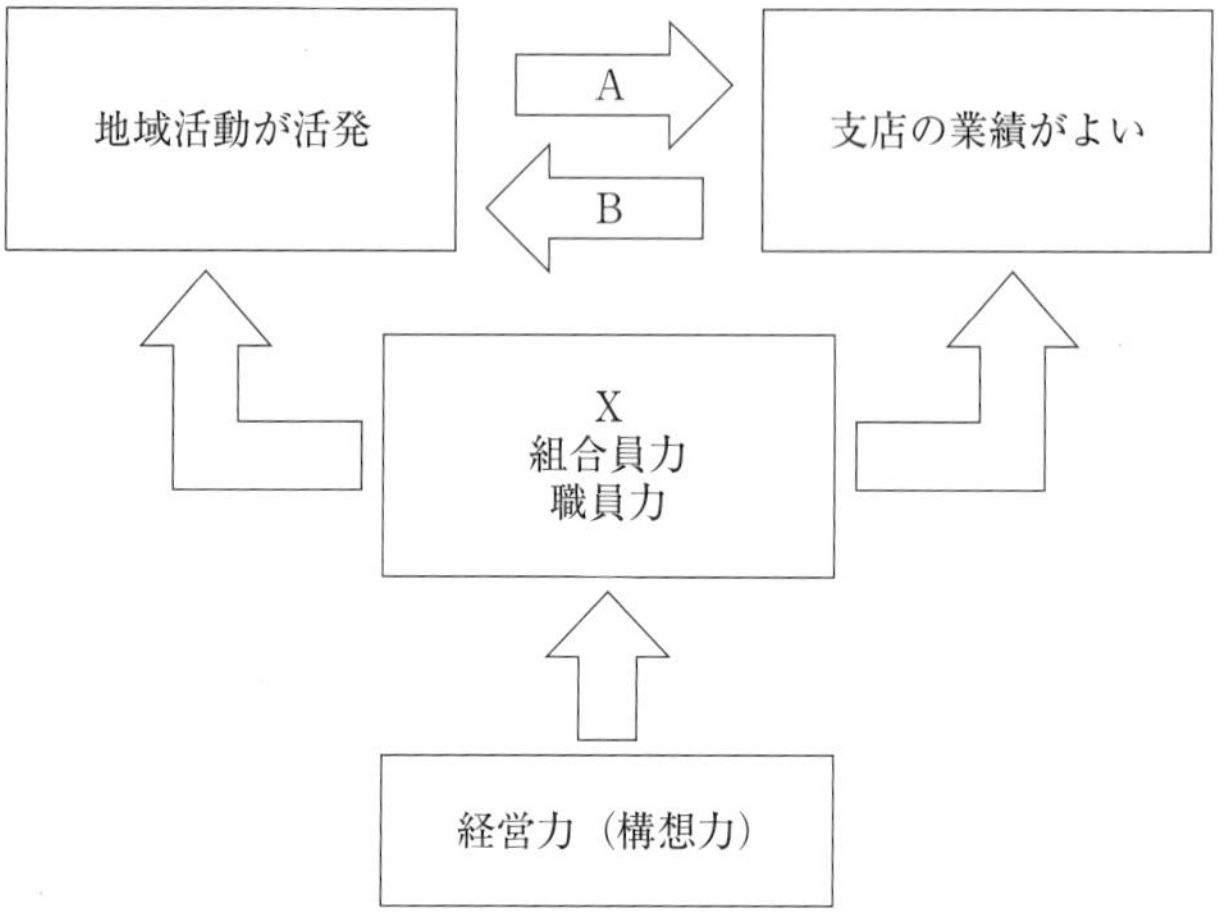

図終−2　「意志論」による農協運動の方向づけ

る。ここでは増田教授たちが「X」としたものに、組合員力と職員力をあてはめている。これはすなわち、組合員の求める力、押す力と、職員の応える力、返す力が作用しあうなかから、AとBの相互作用が生みだされることを表している。それはちょうどJA静岡市のアグリロード美和で見られたような組合員と支店職員との協力関係から示唆されるものである。

もう一つ重要なことは、この図の下の部分、すなわち組合員力、職員力を生みだすのが経営力（構想力）であるという点である。すなわち、黙っていても組合員力や職員力が生まれてくるのではなく、役員の経営力（構想力）があって初めて生まれてくるという点である。それはちょうどJA静岡市の鈴木脩造組合長というすぐれた協同組合人がいたからこそ、美和支店において組合員と職員とのあいだで高いレベルの協力関係が成立したことを言い表している。

では、その経営力（構想力）はどこから生まれるのかという点が重要であるが、これについてはつぎの三つを想定している。

一つは「役員のたえざる学習」から生まれるということである。とりわけ常勤役員に求められる資質であるが、たえず組合員のことを思い、事業の組立てを考えるなかで、「気づき」と「自己練磨」が必要だということである。気づきがなければ自己練磨も生まれないし、自己練磨がなければ気づきも生まれない。一流の常勤役員に接すると、その間の努力をたえず行なっていることがひしひしと伝わってくる。

もう一つは「リーダーシップとメンバーシップの相互作用性」から生まれるということである。一流の常勤役員は例外的に生まれてくるのではない。生まれてくるにはそれなりの理由、すなわち、すぐれた組合員がいることが必要なのである。このことから、「すぐれたリーダーシップはすぐれたメンバーシップから生まれる」「すぐれたメンバーシップはすぐれたリーダーシップから生まれる」という相互作用性を指摘できる。

最後の一つは「リーダーとメンバーの役割の自覚」から生まれるということである。リーダーとメンバーとのあいだには「選ぶ責任と選ばれる責任」が共有されていなければならない。メンバーには選ぶ責任、リーダーには選ばれる責任があることを自覚しなければならない。しばしば協同組合は〝民主主義〟の学校と言われるが、まさにそのことを言い表している。この種の民主主義が成立するには自覚的役職員、自覚的組合員の育成が不可欠であり、学習活動を基点とした農協づくりをすすめる重要性もそこにある。図終-2の「意志論」にもとづく農協運動の方向づけはその結果生まれてくるものなのである。

協同組合では、「組合員のために」という表現はタブーにしなければならない。そこからは協同組合的な特性は生まれてこない。「〜のために」というのは資本制企業でも使われるからである。協同組合的な特性を求めるならば、「組合員とともに」という協働型の表現に改めなければならない。これならば資本制企業は協同組合に太刀打ちすることができない。というのは、彼らにとって「お客さまとともに」という表現は安易には使えないからである。「組合員とともに」には組合員参加（運営参加、活動参加）の意味があり、資本制企業がお客さまにそれを求めることは自己矛盾に陥る。

「〜とともに」の先がけは、故若月俊一院長作によるJA長野厚生連佐久総合病院の基本方針「われわれは『農業者とともに』の精神で、医療および文化活動を通じて、住民のいのちと環境を守り、生きがいのある暮らしが実現できる地域社会の建設と国際医療保険への貢献をめざします」に見いだされる。若月院長は医師・看護師に「演説ではなく演劇をやれ」と檄《げき》を飛ばし、病院・住民協働型の予防医療に取り組み、老人医療費の低減に成功した。

同様に、徳島県上勝町〝いろどり〟の葉っぱビジネスも「老人に仕事を」与えることを通して、老人医療費の低減に成功している。なぜ現代の農協運動において組合員参加が求められるのかというと、現在の大規模農協では出資と利用の関係は残るが、参加はおろそかになりがちだからである。支所・

支店を拠点に組合員組織活動を活発化し、協同組合本来の姿を取り戻すべきである。

注

（1）本節全体は、菅沼正久『系統農協を考える12章』全国協同出版、１９９２（平成４）年の第6章「農協の企業的成熟」、第7章「農協企業資本の成長」の問題提起をふまえて記述されている。

（2）通常、固定比率を算出するばあい、固定資産は固定資産と外部出資（連合会、農林中金、農業信用基金協会を除く）の合計額として求めなければならないが、総合農協統計表では外部出資の内訳がわからないので、ここでは固定資産だけで算出した。外部出資の金額は大きいが、その多くが連合会、農林中金、農業信用基金協会への出資によって占められているため、ここでの算出値がその近似値の役割を果たせると考えたからである。仮に連合会、農林中金、農業信用基金協会への出資も外部出資だとすれば、固定比率は大きく様変わりする。ちなみに２００９（平成21）年度では、固定資産だけで算出される固定比率は１７９・４であるが、固定資産＋外部出資で算出される固定比率は95・３となる。すなわち組合員資本は固定資産＋外部出資をまかなえていない。

（3）詳しくは『ハンス・H・ミュンクナーにみる現代ドイツの協同組合理論―「社会的経済」、協同組合原則と協同組合法―』（石塚秀雄・堀越芳昭翻訳、生協総合研究所「生協総研レポート」第11号、１９９５年）を参照のこと。仮にこの「不分割組合資本」を解散時に個人持ち分にしたがって組合員に分配するのではなく、社会的公共的処分、たとえば自治体や同種の協同組合へ寄付することにすれば、それは利他的行為とみなされ、「不分割社会的資本」の性質をもつこととなる。これについては上記「生協総研レポート」の１００ページを参照のこと。この不分割社会的資本は協同組合の地域貢献の究極の姿を表すものであろう。

（4）増田佳昭「つながりを強めて組織活性化を①—経営戦略としての教育文化活動—」『家の光ニュース』第774号、2011年8月、および増田佳昭「つながりを強めて組織活性化を②—組織活動が元気な支店は業績もよい—」『家の光ニュース』第775号、2011年9月を参照。

（5）ロバート・D・パットナム『哲学する民主主義』（河田潤一訳、NTT出版、2001年）。

著者略歴

石田正昭（いしだ　まさあき）

1948年東京都生まれ。東京大学大学院農学系研究科博士課程満期退学。農学博士。三重大学大学院生物資源学研究科教授を経て2013年より同研究科招聘教授。専門は地域農業論、協同組合論。第24回ＪＡ全国大会議案審議専門委員会委員、ＪＡ全中・生活活動研究会座長、同くらしの活動強化推進委員会委員などを歴任。現在家の光文化賞審査委員などを務める。

主な関連著書は、単著に『農家行動の社会経済分析』（大明堂）、『ドイツ協同組合リポート 参加型民主主義─わが村は美しく』（全国共同出版）、編著に『農村版コミュニティビジネスのすすめ』（家の光協会）など。2000年より『ＪＡ経営実務』（全国共同出版）の「資格試験・農協論」を担当。

シリーズ　地域の再生10

農協は地域に何ができるか

農をつくる・地域くらしをつくる・ＪＡをつくる

2012年10月30日　第１刷発行
2014年１月10日　第２刷発行

著　者　　石田正昭

発行所　一般社団法人　農山漁村文化協会
〒107-8668　東京都港区赤坂７丁目６－１
電話　03（3585）1141（営業）　03（3585）1145（編集）
FAX 03（3585）3668　　振替　00120-3-144478
URL　http://www.ruralnet.or.jp/

ISBN978-4-540-09223-7
DTP制作／池田編集事務所
〈検印廃止〉
印刷・製本／凸版印刷（株）

定価はカバーに表示

地域を生き地域を実践する人びとから
新しい視点と論理を組み立てる

シリーズ地域の再生（全21巻）

既刊本（2012年10月現在。第8巻はカバーそでに掲載。いずれも2600円＋税）

1 地元学からの出発
結城登美雄 著

2 共同体の基礎理論
内山 節 著

4 食料主権のグランドデザイン
村田 武 編著

5 地域農業の担い手群像
田代洋一 著

7 進化する集落営農
楠本雅弘 著

9 地域農業の再生と農地制度
原田純孝 編著

12 場の教育
岩崎正弥・高野孝子 著

16 水田活用新時代
谷口信和・梅本雅・千田雅之・李侖美 著

17 里山・遊休農地を生かす
野田公夫・守山弘・高橋佳孝・九鬼康彰 著

21 百姓学宣言
宇根 豊 著

1 地域を楽しく暮らす人びとの目には、資源は限りなく豊かに広がる。「ないものねだり」ではなく「あるもの探し」の地域づくり実践。

2 市民社会へのゆきづまり感が強まるなかで、新しい未来社会を展望するよりどころとして、むら社会の古層から共同体をとらえ直す。

4 貿易における強者の論理を排し、忍び寄る世界食料危機と食料安保問題を解決するための多角的処方箋。TPPの問題点も解明。

5 むら的、農家的共同としての構造変革＝集落営農と個別規模拡大経営＆両者の連携の諸相。世代交代、新規就農支援策のあり方なども。

7 農業と暮らしを支え地域を再生する新しい社会的協同経営体。歴史、政策、地域ごとに特色ある多様な展開と農協の新たな関わりまで。

9 農地制度・利用の変遷と現状を押さえ、各地の地域農業再生への多様な取組みを紹介。今後の制度・利用、管理のあり方を展望。

12 土の教育、郷土教育、農村福音学校など明治以降の「土地に根ざす学び」の水脈を掘り起こし、現代の地域再生の学びとつなぐ。

16 飼料イネ、飼料米利用の意味・活用法から、米粉、ダイズなどを活用した集落営農によるコミュニティ・ビジネスまで。

17 里山、草原と人間の関わりを歴史的に捉え直し、耕作放棄地を含めて都市民を巻き込んだ新しい共同による再生の道を提案。

21 農業「技術」にはない百姓「仕事」のもつ意味を明らかにし、五千種以上の生き物を育てる「田んぼ」を引き継ぐ道を指し示す。